フクロウ

その歴史・文化・生態

デズモンド・モリス
伊達淳 訳

白水社

フクロウ　その歴史・文化・生態

Japanese translation published by arrangement with
Reaktion Books Ltd. through The English Agency (Japan) Ltd.

装丁・本文レイアウト　細野綾子

目次

「メンフクロウ」(エリエイザー・アルビン、1731年)。フクロウの個性的な形状は、何世紀にもわたって人間にとって描く喜びとなってきた。

序文

フクロウとは矛盾した存在である。最も知られている鳥であると同時に、最も知られていない鳥でもある。小さな子供でもいいから、誰かにフクロウの絵を描いてみてくれと言えば、みんなさらりと描いてみせるだろう。その彼らに最近いつフクロウを見たかと訊くと、ひとしきり考え込んだ挙句、覚えていないという答えが返ってくるはずだ。本の挿絵でなら――見たことがある。テレビのドキュメンタリー番組の中でも――たしか見たことがある。動物園の檻の中にいるフクロウは――あると思う。しかし野生のフクロウを実際に見たことは――？　それはまた別の問題というわけだ。

どうしてこのような矛盾が生じたのだろうか。野生のフクロウを目にすることが滅多にないというのは、考えてみると当然のことである。というのも、夜にならないと活動を始めない引っ込み思案の肉食鳥で、飛ぶ時も音を立てないからだ。我々のほうで特別な準備をして、用意周到に闇討ちでもかけない限り、野生のフクロウを目の当たりにすることはほとんどない。ほとんど見たことがないのにその姿かたちについてどうしてよく知っているのかというと、話は少しややこしくなる。答えはそのユニークな頭の形状にある。人間と同じように、フクロウの頭も幅が広くて丸く、顔は平らで、左右に離れた大きな目は前をじっと凝視している。人間に似ているというのは他の鳥には見られない特徴

子供の目から見たフクロウ。「賢いフクロウ、悲しいフクロウ、怒ったフクロウ」（マチルダ、10歳、インクと鉛筆・紙、2008年）

で、古くには、フクロウのことを人間の頭をした鳥と呼んでいた時代もある。人間のことをホモ・サピエンスと言うが、それは「賢いヒト」という意味である。フクロウが人間と同じような形状の頭をしていることから、フクロウを「例の賢い鳥」と呼ぶこともある。実際はカラスやオウムほど賢くないのだが、見た目が人間に似ているというだけで、我々はフクロウが賢いと思っているのだ。

我々がフクロウのことを知ったつもりになるのは、フクロウの目の表情が人間のように見えるせいである。幅の広い頭とまっすぐ前を向いた大きな目のせいで、フクロウを見ると、あたかも思慮深く、鳥でありながら我々の親族を目の当たりにしているように感じてしまうのだ。と同時に、フクロウに対して幾分か感傷的な気持ちと、幾分かの恐れを抱くようになる。賢い彼らが夜中にならないと姿を現わさないなんて、何か悪いことを企んでいるのではないだろうか？　獲物が最も油断している頃合いを見計らって忍び寄るところなど夜盗のようだ

動物寓話集に登場するフクロウ（12世紀）

し、太陽が沈んでからでないと命を奪わないなんてまるで吸血鬼だ。知恵というよりはむしろ、何か邪悪な性質を備えているのではないだろうか？

人類とフクロウの関係を遡って検証してみると、フクロウは実際に、しばしば知恵と邪悪の象徴とされてきたことが分かる。賢いけれど邪悪なのか、邪悪だけれど賢いのか。フクロウのイメージはころころと変わることをやめない。数千年もの間、この象徴的な二つの属性は互いに優勢を保ったり劣勢になったりを繰り返してきた。すでに十分に誤解されているフクロウに関して、これもやはり矛盾した特徴である。

本書では、これら二つの属性に加え、その他の特徴についても検証してみたい。邪悪な存在としてのフクロウの場合、暴力的な力を自分たちの敵に向ければ一転して守り神として利用することもできる。インドでは古くから、空からさっと舞い降りてきて女神の乗り物になるとされている。ヨーロッパでは、頑固さの象徴とするところもあれば、どれだけ挑発されても落ち着きを失わないことを示すエンブレムとしているところもある。二十一世紀に入ってからは、地球上に生息する動物相群について我々もようやく正しく認識すると、その劇的な減少傾向を憂い、フクロウの魅力的な生態についても理解しようと努めるようになった。

というわけで、賢いフクロウ、邪悪なフクロウ、獲り手としてのフクロウ、運び手としてのフクロウ、頑固なフクロウ、冷静なフクロウ、野生のフクロウ、検証すべきフクロウはたくさん存在する。そしてさまざまな時代、文化圏において、人類がフクロウに対して抱く関心は数多くの興味深い神話や伝説、工芸品を作り上げてきた。すべて、人の注意をとらえて離さないフクロウのあの眼差しに魅了された結果である。

個人的な話をすると、わたしは動物園の園長をしていた頃から檻の中のフクロウとは幾度となく接してきた。動物の生態を取り上げたテレビ番組の制作のために世界中を旅していた時期には、さらに多くのフクロウを見ている。しかし正直に申し上げて、わたしは——たいていの人がそうではないかと思うのだが——自然の中で野生のフクロウを見たことはほとんどない。しかし一度だけ、六十年以上も前の話であるが、今でも細部にいたるまで実に鮮やかに覚えている忘れがたい出来事がある。寄宿学校に通っていた頃のことだ。ある夏の日の午後、学校の近くの田園地帯にぶらりと出かけていって、野原の片隅に何か奇妙なものを見つけたのだ。身動きもせずに地面に横たわっているのが鳥だということは分かったので、音を立てないようにゆっくりと近づいていった。こちらが近づいてもまったく動く気配を見せない。三メートルぐらいの距離まで近づいたところで急に気がついたのだが、それはひどい怪我を負って血まみれになったフクロウだった。銃で撃たれたか、罠にかかったか、細い針金のようなものに絡まったか、夜間に車に轢かれたか。怪我の状態はひどく、苦しみながらゆっくりと死んでいこうとしていることは明らかだった。獣医に診せたところで助かる見込みはなかった。わたしに何ができただろう。

助けられる可能性がないとなると、取るべき行動は非常に辛いものだった。見捨てていくのは簡単だったが、それはそのまま苦しみながら死を迎えさせることを意味していた。だからといって殺すとなると、苦しみから解放してやることはできても、無抵抗の相手に暴力を振るって尊厳ある一羽の鳥を殺すことになる。幼い少年だったわたしはどうすればいいのか迷った。フクロウを見ると、フクロウもわたしを見ていた。大きな黒い目からは何の表情も読み取れない。死を待ちながら、もう何時間もあそこにいたはずだ。互いに見つめ合いながら、わたしはフクロウに対してどうしようもないほどの共感を抱くようになっていた。そして直接的にしろ間接的にしろ、このフクロウに怪我を負わせた人類に対して煮えくり返るほどの怒りを覚えていた。

一九四二年のことで、第二次世界大戦がヨーロッパ中で猛威を振るっていた。ウィルトシャー州の日の当たる野原の片隅で血まみれになって横たわっているフクロウが、その日、ヨーロッパの至るところで負傷することになる無数の人々を象徴しているように思えた。あの時、どれほど人類を憎く思ったことか。容易な方法に逃げるわけにはいかないと思った。わたしは大きな石を探してきて、それでフクロウの頭を打ちつけ、殺した。苦しみを終わらせてやることはできたが、気分は最悪だった。そして今でも、あの日のことを思い出すたびにひどい気分になる。自分でもよく分からないのだが、あれが傷ついたキジだったらあそこまで動揺することはなかったような気がする。そこにフクロウの力を感じる。人間でないことは分かっているのだが、人間と同じような頭の形をしていることで、あの尖った顔の鳥と自分がより親密な関係にあると思わせられるのだ。人間の赤ん坊は、じっと見つめる母親の両目に強く反応を示す。遺伝子にプログラムされていて、意思とは関係なくそういう反応を示すものなのだ。だからフクロウとも目が合うと特別な反応が誘発され、たとえ本当のところはまったく無関係の存在であったとしても、親近感を覚えてしまうというわけである。

この本を書こうと思ったのは、あの時の傷ついたフクロウに対する償いの気持ちによるところが大きいように思う。フクロウが生物学的にどれほど魅力的な存在であるか、フクロウが象徴してきたものやフクロウにまつわる神話がどれほど多様で豊かであるかといったことを紹介し、フクロウのために何かをすることで罪滅ぼしをしたいと思ったのだ。以下の章で、わたしはフクロウのために最善を尽くすつもりだ。

第一章　有史以前のフクロウ

化石の研究により、フクロウは少なくとも六千万年前にはすでに一つの種として存在していたことが判っている。つまり、フクロウは鳥類の中で最も古い種の一つであり、その間に十分な年月をかけて、夜行性の肉食鳥として極めて特殊な変化を遂げた生態にさらに磨きをかけてきたということである。

人類が腹立たしいほどずかずかとフクロウの世界に侵入していったのは、長い歴史を持つ彼らにとってはほんの最近のことである。フクロウにとっては幸運なことに、他の多くの鳥の場合と比べると、この侵入によってこうむった被害ははるかに小さかった。多くの鳴き鳥のように小さなかごに押し込められることも滅多になく、数多の狩猟鳥のように狩られて食卓に並べられることもなかった。しかし野生の鳥である以上、生息地の多くが破壊され、森林や山が削られ、害虫駆除剤によって獲物となる生き物が汚染されていくことは免れえなかった。こうした破壊活動にも負けず、フクロウはいまだ世界中に生息しており、極地の不毛地帯を除けばフクロウのいない地域はほとんどない。

フクロウの存在を人類が認識していたという最初の証拠としては約三万年前のものがある。この証拠が発見されたのはごく最近のことだ。一九九四年十二月十八日、三人の洞窟探検家が、フランス

ワシミミズク。ショーヴェ洞窟の天井に白い線で刻まれている（フランス、三万年前）。

南東部の地下洞窟にそれまで知られていなかった入り口を発見したのだ。入り口をふさいでいた岩や石をどけると細い通路が出てきて、体を押し込むようにして入っていくと広い洞窟に出た。壁面は有史以前のものと思われる美しい絵で覆われていた。バイソン、鹿、馬、サイ、マンモス、その他にも洞窟美術でよく知られている大型哺乳類のほとんどが描かれていたが、新たに発見されたこの洞窟で何より驚くべきことは、ずっと奥のほうにフクロウの絵が刻まれていたことだった。

これは現時点で最古とされているフクロウの絵である。幅の広い大きな丸い頭部、そこからぴんと突き出た二つの羽角。目も描かれているのだが、少しぼやけてしまっている。そして力強い嘴《くちばし》。頭の下には、十数本の縦の線で羽毛を表わした翼がある。絵の大きさは縦に約三十三センチで、黄土色の壁に白く線を刻むことで細部まで描き込まれている。力を入れて爪で刻んだものか、もしくは棒切れのようなものを使って刻んだものと推測される。

運も手伝って、この絵が本当に時代を経て残ったものだということは、洞窟の中での位置によって証明されている。絵が見つかった「イレールの部屋」と呼ばれている空間の中央には大きくへこんだ部分がある――足元に大きな穴が開いているのだが、それは大昔に地盤が沈下してできたものなのだ。フクロウの絵はちょうどこの穴の上に張り出した岩に刻まれていて、そこには今では手が届かない。穴の深さは四・五メートルで、直径が六メートル。洞窟の床面が陥没したことでフクロウの絵が高いところに取り残され、濡れることもなく、そして最近になって捏造されたものではないということがはっきり証明される結果にもなったのだ。

この最古のフクロウの絵は、ワシミミズクを描いたものということで意見は一致している。確認の手段としては、何と言っても角のようにぴんと突き出た羽角があることと、マンモスなど氷河期に生きた哺乳類と一緒に描かれていること以外にはないのだが、それは寒さを生き抜くことができるぐらい大きかったということでもあるのだ。というわけで、この絵がワシミミズクだという判断が単なる想像に過ぎないわけではないと言えるだろう。この絵に関してもう一つ別の指摘もあるのだが、こちらは幾分疑わしい。有史以前の芸術家たちは実に注意深く観察していて、フクロウが頭を左右に大きく回すことができることに気づいていた、この絵はフクロウを後ろから描いたもので、真後ろに何があるかを確かめるために首をぐるりと回して前を向いている、というものだ。羽が見えているということは後ろから描いたものだというのがその根拠だ。それはそうかもしれないが、むしろ、子供がフクロウを描く時のように、前から描いたとしてもそれが羽の生えた生き物だということを単に強調するために、このような羽の描き方をしたと考えるほうがもっともなように思われる。

こうした細かい部分での食い違いはあったとしても、その発見者に因んで名づけられたショーヴェ洞窟にあるこのユニークな鳥の絵は、フクロウの独特の姿かたちとその描き手との間で長きにわたって育まれてきた愛情の堂々たる始まりを告げていることは間違いない(1)。

シロフクロウの家族。フランス・ピレネー山脈のレ・トロワ・フレール洞窟の天井に白い線で刻まれている。オーリニャック期のもの。

この後に続くフクロウの絵となると、フランス南西部に移動してピレネー山脈の麓、レ・トロワ・フレールと呼ばれる壁画洞窟までたどらねばならない。この洞窟は、一九一〇年にその存在を発見したベグワン伯爵の三人の息子たちに因んで名づけられた。ショーヴェ洞窟の壁画から数千年後のものとされるここには、フクロウは一羽ではなく三羽描かれている。二羽の親鳥の間に一羽の雛がいて、一つの家族を構成しているように見える。これがシロフクロウの家族とされているのは、氷河期に生息していた動物たちと一緒に描かれているからだろう。もしこの判断が正しければ、この種は現在よりもずっと南に生息していたということになるが、劇的な気候の変化を考えるとそれも不思議ではない(2)。

レ・トロワ・フレールから東に五十キロばかりのところには、やはりピレネー山脈の麓で、あまり知られていないル・ポルテルという壁画洞窟がある。入り口からほど近いところにある「ギャラリー1」に、フクロウと思われる鳥の絵が描かれている。黒い単純な線で描かれ、馬やバイソ

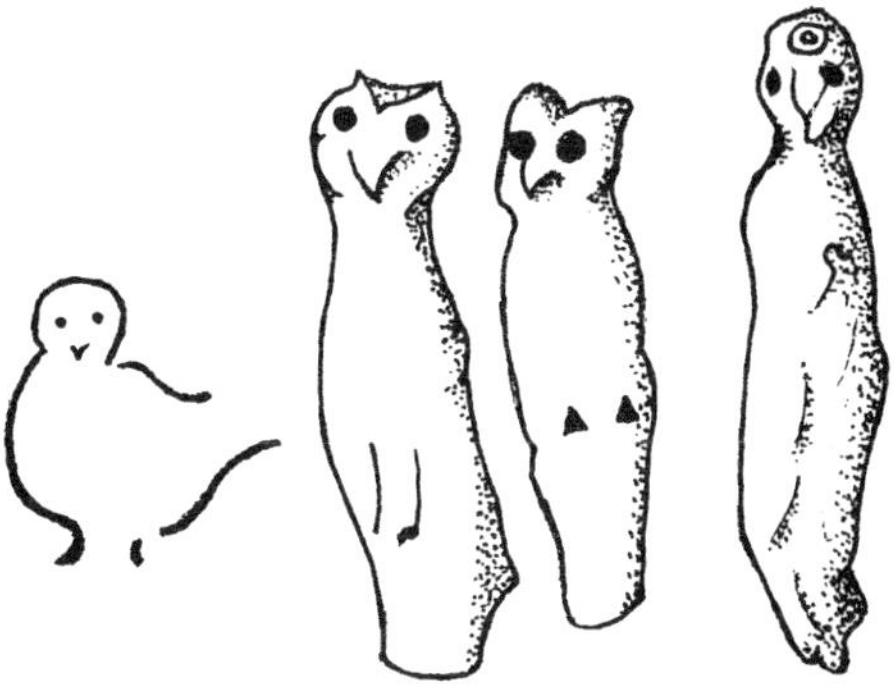

旧石器時代に描かれたフクロウを再現したもの。（左から）ル・ポルテル洞窟で見つかった輪郭だけのフクロウ（フランス）。ドルニ・ヴェストニッツェ遺跡で発掘された二体の彫像（チェコ）。マス・ダジールで発見された、動物の歯で作った彫像（フランス・ピレネー山脈）。

ンの絵と一緒に並んでいる。[3] 馬や鹿、牛、バイソンなどがたくさん描かれている中で、フクロウはショーヴェ洞窟のものと同じく一羽だけだ。スペイン北部のラ・ビーニャ洞窟の壁にもフクロウだとされている絵が確認できる。そしてチェコ共和国のドルニ・ヴェストニッツェ遺跡からは粘土と骨灰で作られた丸彫りの彫像が二体、フランス・ピレネー山脈のマス・ダジールからも動物の歯を彫って作ったものが一体、合計三体、旧石器時代の彫像が見つかっている。[4] 旧石器時代のものと思われるフクロウはこれでほぼすべてである。

こうしたほんのわずかな数しかない初期の人工遺物に関して非常にもどかしいのは、これらを作った有史以前の芸術家たちがフクロウをどう見ていたかということを確認する手段がないことだ。極めて数が少ないことも、この問題の解決をさらに困難にしている。フクロウと比べると、バイソンや鹿、馬、その他の大型の被食種の壁画はフランスだけでも文字どおり何百と存在する。初期の芸術家たちがこうした動物に魅せられた理由は明らかである。凍えるような当時の気候にあって、小柄な人類が生き延びるに十分な肉を提供してくれたのがそうした動物だったのだ。ではフクロウはどうだったのだろう。時々でも食べることがあったのだろうか。それとも今では知る由もない何か象徴的な役割を担っていたのだろうか。象徴としてのフクロウについて理解するには、もっと後になって、その地の信仰や迷信について我々がある程度でも理解している時代に描かれたものを検証する必要がある。

第二章　古代のフクロウ

中東と南欧の古代文明では、印象的なフクロウ像がいくつか残されている。

バビロン

約四千年前のバビロニア（現在のイラク南部）では、粘土を使った奇妙な浮彫板が作られている。中心部分に裸の恐ろしい女神が立ち、人間の姿をしているのだが背中には翼が生えていて、フクロウの肢をしている。二頭の痩せこけたライオンを踏みつけているのは、その力を誇示するためだろう。両隣に一羽ずつ、姿勢を正した大きなフクロウが正面を向いて立っていて、まるで女神を護衛するものか、あるいは使い魔か、といった印象を与える。

このユニークな作品は、かつては贋物と考えられていたのだが、今では本物だということが証明されており、名前は分からないが、バビロニアのイシュタル（愛と戦いと豊穣の女神）、バビロニアのリリス（夜の魔女）、カナンのアナト（愛と戦いの女神）、シュメール神話のイナンナ（金星の女神）、あ

「夜の女王」(「バーニーの浮彫」)。紀元前1800年から紀元前1750年、メソポタミア。藁を混ぜた粘土を焼いたテラコッタ。バビロニア（イラク南部）のものと思われる。

るいはイナンナの姉で冥府の女王エレシュキガルなど、さまざまな名前で呼ばれている女神像をモチーフにしたものだ。このように学術的にも混乱しているため、新たな所有者となった大英博物館は、この女神のことを単に「夜の女王」と題している。名前が何であれ、この女神はフクロウをモチーフにした女神としては最初の存在である。現在のところ、この女神は実に攻撃的で、どんな敵が現われても力強い鉤爪で服従させてしまう肉食の存在とされているようだ。しかしギリシアのアテーナーなどのちの化身になると、好戦的な性質を持ち合わせてはいても智を身につけたことによって抑制されている。

エジプト

古代エジプトの霊廟や建造物に飾られたレリーフにも、見事なフクロウの絵が描かれていたり立像が彫られていたりすることはあるが、意外にもフクロウをモチーフにした神は見当たらないし、古代エジプトの言語にはフクロウを表わす単語もなかった。象形文字では、フクロウの文字は単に「m」の音を表わしているのみだ。このフクロウには興味深い特徴が二点ある。他の鳥はすべて、もっと言うと他の動物はすべて、象形文字になると横から見た姿で表わされている。しかしフクロウに限ってはこの厳格なルールが適用されず、胴体部分は横から描かれているのに、頭部は九十度回転して真正面を向いているのだ。これはおそらく、象形文字の作者がはっきりとフクロウだと分かる描き方としてこれ以外の方法を思いつかなかったからだろう。象形文字になったフクロウの興味深いもう一つの特徴は、しばしば足を折られて描かれているという点だ。まるでフクロウが息を吹き返して攻撃してくることのないようにという意図が込められているかのようである。

　エジプトの宗教においてはタカやコウノトリやハゲワシなどのように際立った役割を与えられることのなかったフクロウだが、それでも十分に敬意を払われていたからこそ、時おり防腐処理を施してミイラとして保存されるという恩恵にあずかることもあったのだ。メンフクロウなど、複数の種がミイラにされていることが確認されている。

　フクロウが奇妙な形で人間の魂とつながりを持ってきた可能性があることも古くから指摘されている。エジプトでは、魂は異なる複数の要素から成り立っていると考えられていた。「カー」という生命の源となる創造エネルギーがあり、これは生命力のことである。死後、カーは墓に入り、そこで滋養として供物を求めることになる。[1] さらに「バー」という肉体を持たないその人の霊があり、カーとバーが結合した「アーク」と呼ばれる永遠の精霊は死後も生き続けるとされていた。カーとバーが結合するためには、バーがカーのもとまで移動せねばならず、死者の肉体が死後の世界でも生き続けるために、バーは夜ごと墓に戻る必要があった。この夜ごとの移動をする際に、人間の頭をした鳥の姿になると考えられていたのだ。この人間の頭をした鳥というのは、「墓の周辺に頻繁に出没するフク

フクロウの象形文字。エジプト中王国時代の第12王朝（紀元前1991年—紀元前1876年）の王子ジェフティ・ネフトの棺に描かれていたもの。

ラムセス時代（紀元前1305年頃—紀元前1080年）の象形文字。

ロウに由来するのだろう」と指摘されている。[2] 人間のような頭をして、夕暮れ時に墓の周辺を飛び回り、こちらの様子をちらちらと見ているような不気味なフクロウが、バーを鳥のような姿で具体化するという発想につながったことは容易に理解できる。

ギリシア

古代文明の中で、フクロウを象徴として最も重宝していたのが古代ギリシアの都市国家アテナイである。ここでは知恵とフクロウは同義語とされていた。アテナイという地名は、この地の守護女神アテーナー、あるいはアテナに因んで命名されたものであり、フクロウはその女神にとって神聖な生き物とされていた。紀元前六世紀から紀元前一世紀までの数百年の間、アテナイで使用されていた硬貨は、片面に女神像、もう片面にはフクロウがあしらわれていた。のちに多くの硬貨でも使われるようになった「裏か表か（頭か尾か）」という表現はここから来ている。これらギリシアの硬貨は通称「グラウカイ（＝フクロウ）」と呼ばれていて、アリストファネスは戯曲「鳥」（紀元前四一四年）の中で、銀のフクロウはフクロウの中でも最高だ、なぜなら「決して裏切ることなく、家にいて、財布を住処とし、小銭を産む」からと冗談混じりに述べている。

アテナイの硬貨のモデルとなったのはコキンメフクロウ（*Athene noctua*）と考えられていて、たいていはエジプトの象形文字と同じく、体は横向きで頭部が前を向いた姿勢で描かれている。少数では

アテーナーのフクロウ。アテナイの４ドラクマ銀貨（ギリシア、紀元前109年—紀元前108年）。

知恵の女神、アテーナーのフクロウ。現在のギリシアで使われている１ユーロ硬貨。

あるが、中には正面を向いて翼を広げたものもある。

フクロウがあしらわれたギリシアの硬貨の中で最も有名なものはテトラドラクマ（四ドラクマ銀貨）だが、デカドラクマ（十ドラクマ）や、もっと小さな単位のディドラクマ（二ドラクマ）、一ドラクマ、ヘミドラクマ（半ドラクマ）、テトロボル（四オボル）、ディオボル（二オボル）、トリヘミオボル（一と二分の一オボル）、一オボル（六分の一ドラクマ）、ヘミオボル（半オボル）、トリタルテモリオン（四分の三オボル）、トリヘミタルテモリオン（八分の三オボル）、テタルテモリオン（四分の一オボル）、ヘミテタルテモリオン（八分の一オボル）など、多くの硬貨にフクロウは登場する（広場《アゴラ》で買い物をする時に小銭を使うのは、非常に骨が折れたに違いない）。ドラクマというのは重量を基準にした単位通貨で、一ギリシアドラクマは四・三七グラムである。こうした硬貨は現代ギリシアの一ユーロ硬貨として現在も使われていて、アテナイのフクロウが中心にあしらわれている。最近ではギリシアの紙幣や切手にも登場している。アテナイのフクロウは世界的に有名となり、アメリカの元大統領セオ

アプリア赤像式の「フクロウのカップ」に描かれた女神アテーナーのフクロウ。
古代ギリシアで制作された、光沢のある赤と黒の陶磁器（紀元前4世紀）。

ドア・ルーズベルトもアテナイのフクロウをあしらった硬貨を幸運のお守りとして持ち歩いていたと言われている。

アテナイのフクロウは、古代ギリシアの陶磁器にも描かれている。特に「フクロウのカップ」（*glaux skyphos*）と呼ばれる紀元前四世紀の小さな計量カップが有名だ。こうしたカップにフクロウの絵をあしらうことで、古代アテナイの計量道具として正式に認定されたことを示していたのだ。ルーブル美術館にあるギリシアの小さな容器に、戦場で槍を持つ女神アテーナーが描かれているという事実も見逃せない。この絵の奇妙な特徴として、アテーナーがほとんどフクロウの姿をしている点が挙げられる。人間の部分がかろうじて残っているのは腕だけだ。アテーナーのフクロウとして描かれているのではなく、フクロウがアテーナー自身になっているのである。

アテーナーとフクロウの間に親密な関係が築かれた理由が古代ギリシア人たちの手によって正確に記録された形跡はなく、そのために以来ずっと、学術的な討論が果てしなく続けられてきた。一つには、アテーナーに先駆けて有史以前のメ

フクロウの頭部を持つ女神像（粘土、シリア、紀元前2000年頃）

ソポタミアには「目の女神」がいたという説がある。シンプルな体の上にじっと見つめる大きな二つの丸い目がちょこんと乗っかっただけの小さな偶像として残っている。紀元前三〇〇〇年に作られたこうした偶像がそもそもフクロウを表わしていたのではなく、そのじっと見つめる目がフクロウの目に似ているとされた結果として、アテーナーとフクロウが関連づけられたと考えることもできるかもしれない。それから一千年が経過した紀元前二〇〇〇年には、フクロウの頭部を持つ女神をかたどった小さな粘土像が、古代シリアで大量に作られている。つまりアテーナーは、中東におけるフクロウの女神の長い歴史においては後発と言うこともできるのだ。

別の見方としては、フクロウは女神を祀った偉大なる寺院、アテネのパルテノン神殿の付近を飛び回っているところを目撃されることがしばしばあり、そのために、女神にとって神聖な鳥として認められた可能性があるとするものもある。実際、この二つの見解は矛盾するものではなく、互いに補強し合っていると言えるのかもしれない。ちなみに、フクロウはアテネでは非常にありふれた存在だったに違いない。「フクロウをアテネに持っていく」という表現があるのだ。これは「ニューカッスルに石炭を運ぶ」というイギリスの表現と同じく、無駄なことをするという意味である。

もう一つ、幾分独創的とも言える見解ではあるが、月経周期の観点からフクロウと女神を関連づけるものもある。簡単に説明すると――フクロウは月夜の鳥である、月は一か月周期で巡る、女神にも一か月周期がある、だからフクロウと女神は密接に関連している、というわけだ。本当のところが記録として残されていない場合、難問に直面した人間は実に素晴らしい想像力を発揮する。

女神とフクロウの本来の関係について真実がどうであったとしても、古代ギリシアの人々にとってフクロウは崇拝の対象であり、幸運をもたらす存在とみなされていたことは間違いない。たとえば、アリストファネスは有名な戯曲「蜂」（紀元前四二二年）の中で、アテーナーのフクロウを戦場における幸運の前兆として次のように言及している。アテーナーが「夜の鳥を放ち、フクロウが軍隊の上空に現われると、部隊は期待に満ち、喜ばしい結果が待ち受けているという機運に満たされる。すると天の助けによりて、その日のうちに我々は勝利の雄叫びを上げ、敵をことごとく敗走させることになる」。

フクロウの姿をしたアテーナーが戦場に現われると、それはギリシア軍の勝利を予言する決定的な証拠だという考えは信仰の域にまで達していた。その発想は真剣そのもので、ギリシア軍のある将軍はフクロウを入れたかごを荷物の中に忍ばせ、頃合いを見計らってそのフクロウを放ち、自軍の上空

コノハズクをモチーフにした原コリント様式香油壺（テラコッタ、紀元前７世紀）

を飛ばせ、勝利を摑むために必要な勇気を部隊に与えていたと言われている[3]。「フクロウだ！」という言葉は、アテナイでは「勝利は目前だ！」という意味だったのだ[4]。

初期の頃には、同じくギリシアのライバル都市国家コリントスでもフクロウの図柄が陶磁器にあしらわれていて、ルーブル美術館には紀元前七世紀に作られた、フクロウの形をした原コリント様式の有名な香油壺（アリュバロス）がある。これが面白い形をしていて、フクロウの頭にあたる部分が片側にひねられているために、まるでこれを作ったコリントスの陶器職人があいかわらずエジプトの影響を受けて象形文字を模倣したかのように、体は横を向いていて頭は正面を向いているのだ。

フクロウはギリシア神話のアスカラポス伝説でも異彩を放っている。アスカラポスはアケローンとオルプネーの息子で、ペルセポネーが冥界のザクロを食べていたことを密告した精霊だ。ペルセポネーは、地上に

フクロウに姿を変えられたアスカラポス。ペルセポネーがザクロの実を食べたことをゼウスに証言し、それゆえ冥界から出してもらえなくなったペルセポネーにより、変身作用を持つプレゲトン川の水をかけられる。

戻りたければ冥界にいる間は何も食べてはいけないと言われていたのだが、約束を破ったことで罰せられた彼女はアスカラポスをフクロウに変えることで復讐を果たしたのだ。古代ギリシアでフクロウがあがめられていたのであれば、フクロウに姿を変えられることがどうして恐ろしい運命になるのかというのはもっともな疑問である。その答えはなかなか興味深い。つまり、アスカラポスが姿を変えられたのは単なるフクロウではなく、コノハズクだったのだ。コノハズクは、冥界の神ハーデースの使い魔だった。神話の中であがめられていたアテーナーのフクロウはコキンメフクロウで、まったく異なる種だったのだ。オウィディウスもコノハズクのことを、「忌むべき鳥で、人類にとっての凶兆、人知れず哀しみを連れてくる」と評している。

古代ローマでは、女神アテーナーは姿を変えてミネルウァとなった。ローマ軍はギリシア諸都市国家を征服すると、ギリシアの守護神を取り込み、ローマの女神ミネルウァがギリシアにおけるアテーナーと事実上同じ性質を持つ女神であるとして、アテーナーにとって神聖な鳥であったフクロウを拝借し、ミネルウァに献じたのだ。しかしフクロウは、ミネルウァと結びついて成功したとは言い難い。ローマの民衆の間では、その頃にはすでにフクロウは不吉な鳥で死の象徴だと広く信じられていたからだ。

ローマの人々が信じていた迷信の一つに、魔女はフクロウに変身し、眠っている赤ん坊の上に舞い降りてきて生き血を啜るというものがあった。この信仰によって、フクロウは吸血鬼の仲間入りを果たすこととなる。フクロウがホーホーと鳴いているのが聞こえるのは、魔女が近づいているからか、もうすぐ誰かに死が訪れるからだとされた。ユリウス・カエサルやアウグストゥス、アグリッパの死の間際にもフクロウが鳴いたと言われている。日中にフクロウを見ると特に悪いことが起きるとされていて、フクロウを捕まえることができた時は、その家に災いが降りかかるのを防ぐために殺して玄関に釘で打ちつけるべきだと考えられていた。紀元一世紀には、コルメラがローマの農業について著した大著の中で、とりわけ田舎では嵐を避けるためにフクロウの死骸を吊るしていたと記している。

大プリニウスはその偉大なる『博物誌』（七七年）の中で、「街中で、あるいは街中に限らずフクロウが飛んでいるところを見た場合、それはよくない兆しである。何か恐ろしい不幸が待ち受けていることを意味している」と記述している。さらに大都市のローマでフクロウが目撃された時に起きたことについても記録している。フクロウが「ローマにあるカピトル神殿の最も神聖な場所に侵入した……そしてその年……ローマの人々は神々の怒りを鎮めるために行進を行ない、生贄を差し出して厳かに清めることとなった」という(5)。大プリニウスはこうしたすべてに懐疑的で、優れた科学者として、「わたしはフクロウが屋根にとまっても何の不運にも見舞われなかった家を知っている」と書き残している。まったくそのとおりなのだが、古代ローマの人々は清めの生贄や、その他にも自分たちが考案した身の安全を守るための儀式をいろいろと楽しんでいたのだろう。しかし一つだけ確かだと思われることがある。それは、はるか遠い時代には現在とは比べものにならないほどたくさんのフクロウが家々の屋根や軒にとまっていたということである。騒々しい往来や明るい街灯がフクロウを追いやってしまったのだ。

ローマ人の中には、フクロウの鳴き声は死が迫っていることを予告するものと信じ込むあまり、何としてでもフクロウを見つけ出して殺し、その予言を無効にしようとする者もいた。この不運の鳥については、たとえ死んでも再び生き返ることのできる何か超自然的な力を備えているのではないかという恐怖心があり、死骸を焼いて、その灰をテヴェレ川に投げ捨てていたという。

フクロウは死者の眠る墓石の上で踊る魔女の使いだと考えられてもいた。どういう経緯でこの言い伝えが広まったのか、想像するのは難しくない。フクロウは墓地の周辺を飛んでいることがしばしばあり、特に月夜の晩など、油断しているネズミに襲いかかるところを見た人もいただろうし、獲物を捕まえる時の動きはまるで踊っているかのようだったと解釈されたとしても不思議ではない。

フクロウは、あるいはフクロウの体の一部は、魔術にも利用されていた。フクロウの羽を寝ている人の体の上に気づかれないように置くと、その人の秘密を知ることができると信じられていた。また、当時は外国を旅するというのは非常に危険な行為だったが、その際に不運にもフクロウの夢を見てしまった場合、強盗に遭うとか船が難破するとか、何かしらの災難に遭遇すると考えられていた。

中国

中国では、フクロウの図像は紀元前二千年紀に隆盛を極めた偉大なる文明の関心を集めていた。殷《いん》王朝（紀元前一五〇〇―紀元前一〇四五頃）の工芸家たちは史上稀にみる精巧で美しいブロンズ像を作っていて、その中には見事としか言いようのない複雑な文様や浮彫の意匠が全面に施された立派なフクロウ像がたくさんある。たいていは紀元前一二〇〇年頃のもので、「尊」と呼ばれる愛嬌のある小さなブロンズ製の酒器になっている。(6) 二本の肢と立派な尾の付け根部分を三脚代わりに鎮座し、祖先崇拝の儀式の際に使われていたと考えられている。じっと見つめる目は大きく、頭部には左右に二つずつ羽角がついている。胸のところは雄牛の頭の形をした浮彫細工のエンブレムになっていて、どういうわけか、翼は二匹の蛇が絡み合ってできている。背中は、鋭く曲がった嘴を持つ猛禽のような二羽の鳥で飾られている。頭部は取り外し可能なふたになっていて、この写真のものはふたの開閉が楽なように頭の上に持ち手がついている。持ち手も小さな鳥の形をしていて、先の尖った長い嘴と小さ

フクロウをかたどったブロンズ製の酒器「尊」(殷王朝後期、紀元前1200年頃)

な鶏冠がついている。この小さな鳥はフクロウの頭頂部から現われ出てきたようにも見える。

こうした見事なフクロウの像が、古代の封建王朝時代の城壁都市の墓所から続々と発掘されている。これらの製造に使われたブロンズの重量を考えると、明らかに裕福な社会だったことが分かる。この時代の記録が残っていないため、こうしたフクロウが何を象徴していたのかは定かでなく、フクロウが好まれた理由について、いくつかの異なる指摘がなされてきた。その中でももっともらしいのは、そこに眠る人々が死後の世界に旅立つのを見守らせるために、フクロウを暗い墓の中に置いたとするものだ。フクロウは暗闇の中でも周囲を見通すことができ、敵を殺す力強さも持ち合わせているため、他のどんな生物よりも危険を察知する能力に優れ、察知した危険に対しては物音ひとつ立てず速やかに対処できる。それに、死者の魂とともに飛んで来世まで安全に案内することもできる。絡まった蛇で翼を表現しているのは、暗闇の中で羽ばたき、致死的な毒をもって悪霊を退治することができると考えられていたのかもしれない。新しい発見があって当時の失われた記録が甦らない限り、確かなことは分からないだろう。

それから一千年ほど経った道教の時代には、当時の中国人はフクロウを自分たちの仲間である賢い鳥としてではなく、暴力的で恐ろしい存在、夜行性の邪悪な肉食鳥とみなしていた。どういうわけか、フクロウは怪鳥で、雛は母鳥の目をくり抜いて食べてしまうと信じられていたのだ。「フクロウの日」（夏至）に生まれた子供は暴力的な性格を備えていて、いずれ自分の母親を殺してしまうことさえあるだろうと言われていた。

フクロウが激しい風雨と関連づけられるようになったのは、中国ではフクロウは暴力的な性格と考えられていたからだろう。道教において、雷公、つまり雷神はキメラと言って、体の一部がフクロウで、一部は人間という怪物だ。フクロウの嘴と翼と鉤爪を持つが、体は人間なのだ。陰で罪を犯した人間を罰するのがその任務である。中国のフクロウは稲妻とも結びつけられている。これはフクロウが「夜を照らすもの」と言われていたからで、稲妻に打たれるのを防ぐためにフクロウの彫像を家の各隅に置くという古いしきたりがあった。

コロンブス到来以前の南北アメリカ

北米で見つかった古代の岩壁画から、ペルーで発見された絵付け陶磁器まで、古代の南北アメリカでもフクロウをモチーフにした作品は頻繁に発掘されている。特に、紀元一〇〇年から八〇〇年ごろまでペルー北部で栄えたモチェ文化のものとして、実にさまざまなフクロウの陶磁器が見つかっている。モチェ文化においてフクロウは象徴として重要かつ複雑な存在とされていた。知恵と呪術師を表わす一方で、斬首の儀式にたずさわる戦士や死者の魂の象徴だったとも言われている。つまりこの場合、賢いフクロウと邪悪なフクロウという、フクロウに関する永遠の矛盾が一つの文化の中に存在していたということだ。賢いフクロウとしては、夜間に行なわれる儀式の最中に姿をフクロウに変えた人間とみなされていた。超自然的なフクロウは、暗闇で驚くほどよく目が見えるのだ。邪悪なフクロウとしては、相手を確実に死に追いやる戦士とみなされていた。フクロウの狩りを戦士の戦いに象徴

フレモント・インディアンによる岩壁画。翼を広げたフクロウ（ユタ州ナイン・マイル峡谷、紀元400年から1350年）。

一枚の岩に他の動物たちと一緒に描かれたミミズク（ユタ州ロチェスター・クリーク）

フクロウの形の絵付け陶磁器（ペルー北部、モチェ文化）。

フクロウの顔の形をした、モチェ文化の金のビーズ玉。

的に重ね合わせていたのだ。

それゆえ、陶磁器に描かれた絵の中で二面的な様相を帯びていることも不思議ではない。つまり魅力的で自然主義的なフクロウとして、そしてフクロウの仮面をかぶってフクロウの翼のようなマントをまとった邪悪な人間として描かれているのである。仮面をつけた人間が、大きな棍棒や、場合によっては人間の頭、それにナイフを手にした姿で表現されていることもある。これは戦士としてのフクロウであり、肉食鳥、殺し屋だ。翼に人間を乗せているものもあり、これは生贄になった人間の死体で、殺戮の儀式が行なわれたあとで来世に運んでいるところと解釈されている[7]。

つまり、偉大な古代文明にとって、フクロウは神話や伝説の中ですでに重要な役割を果たしていたのである。中東のバビロニアやエジプトから、初期のヨーロッパにおけるギリシアやローマ、さらには中国や南米まで、フクロウは精力的に描かれ、彫られ、塑像され、その名は消えることなく各地の言い伝えの中に居場所を見つけてきた。以来、この象徴的な鳥の各部位には魔術的な力があると迷信深い人々によって信じられてきたのは必然と言っていいだろう。それについては次の章で見ていくことにしよう。

第三章　フクロウの薬効

かつて、科学的な医療検査が導入される以前、医者を自称する者たちは、動物の特定の部位を利用することによって人々が患うさまざまな疾患を治療できると考えており、その結果、多くの動物がみだりに殺されていた。フクロウも例外ではなく、フクロウの体の各部位を使って治せると考えられていた疾患は、にわかには信じられないほど広範囲にわたっている。ウィリアム・シェイクスピア（一五六四―一六一六）でさえ、この愚行に貢献している。『マクベス』第四幕第一場で、あの悪名高い魔女が秘薬を調合しながら、

イモリの目、蛙の足、
コウモリの毛、犬の舌、
マムシの舌先、ヘビの牙、
トカゲの肢、フクロウの雛の羽。

と叫んでいる。シェイクスピアの偉大なライバルだったベン・ジョンソン（一五七二―一六三七）も

負けていない。薬を作らせる際に、

コノハズクの卵と黒い羽毛、
ガマの血と背骨。

と言及している。

その少し前、十五世紀の医学と生物学の知識をまとめた概説書である『健康の園』の中に、狂気を治すにはフクロウの灰を狂気に陥った人の目に当てることだという記述がある。そうすることで、ひどく歪んだものの見方をする人間にフクロウの確かな視力を注入できると考えられていたのだろう。インドでも同じように、フクロウの卵を食べると夜間視力がよくなると考えられていた。チェロキー族はフクロウの羽を浸した水で子供たちの目を洗うのを好んだ。そうすることで朝まで起きていられるようになると考えていたのだ。

中でも奇妙極まりない信仰でありながら何世紀にもわたって続けられてきた治療法の一つが、フクロウの卵を生で食べるとアルコール依存症を克服できるというものである。ジョン・スワンは十七世紀に著した『世界の鏡』の中で、「フクロウの卵を割って、酒が大好きな人間、放っておくといつまでも酒を飲み続ける人間のコップに入れると、それが効いて、大好きだった酒を突然嫌うようになり、飲みたいなどと思わなくなると一部では言われている」と書いている(1)。これはおそらく、フクロウはむっつりとして真面目そうな鳥であるために素面の典型と思われた結果、その卵には人を真面目にさせる成分が入っていると考えられたのだろう。理解に苦しむのは、期待していた効き目が当然のことながら表われず、効果がなかった場合に、そうした怪しい治療方法がどうしてこうも長きにわたって信じ続けられてきたのかということである。酔っ払いにフクロウの卵を飲ませる治療法の一つに、ワインを注いだグラスにとにかくフクロウの卵を入れる、というものがある。話を聞いただけではまるで効き目がなさそうだが、卵がいくつも入ったワインなどあまりにまずかっただろうから、結果としてこの方法に効果はあったのかもしれない。

痛風を患うまで酒を飲みすぎた場合、フクロウの羽をすべて毟《むし》り、一週間塩漬けにしてから鍋に入れ、ふたをして窯の中で焼いて防腐処理をしたもので治す方法もあったという。防腐処理したフクロウを細かくすり潰し、イノシシの油脂と混ぜて軟膏を作り、それを痛風に苦しむ人の「辛い部位」に塗ると、すぐに治るとされたのだ。誰かが言っていたが、どの部位にも薬効が認められていない動物は幸せである。

フクロウの油脂を茹でたものは擦り傷に効くとも言われていた。顔面が麻痺した場合は、フクロウの血か心臓を温めたものでマッサージをするとすぐに治ったらしい。油にフクロウの血を入れるとアタマジラミの薬となった。フクロウの嗉嚢《そのう》を乾燥させて粉末にすると疝痛《せんつう》に効く。胆汁はおねしょにいい。骨髄を油に入れて鼻腔に垂らすと偏頭痛が治る。他にも枚挙にいとまがない。こうした無意味な治療のためにフクロウが絶滅に追い込まれなかったことが不思議なほどだ。

まだある。さらに奇妙なのは、フクロウを殺して心臓を取り出し、それを眠っている女性の左胸の上に置くとその心臓は自白剤として作用し、女性が胸の一番奥にしまい込んでいる秘密を打ち明けるというものだ。他には、フクロウの心臓を戦場に持っていくと普段以上の強さを発揮できる、あるいはフクロウの肢をルリマツリなどの薬草と一緒に燃やすと毒蛇から身を守ってくれる、というものもある。大プリニウスも七七年にこうした方法に言及しているが、こんなことはやはりとんでもないでたらめだとしてのちに撤回している。

イングランドでは、ヨークシャー地方の人々がフクロウのスープを作って百日咳の薬にしていた。あれだけホーホーと鳴き続けて喉に何の支障もないのなら、フクロウでスープを作って飲めば共感呪術のような作用が働いて病人を苦しみから解放してくれるだろうとする考えに基づいている。他の地域でも、月が欠ける時期にフクロウの卵を使ったスープを作って、癲癇《てんかん》の薬にしていたところがある。フクロウは落ち着いていて穏やかでいつもじっとしていることから、そのエキスを摂取すれば癲癇性のひどい発作を鎮められると信じていたのだ。

フクロウを使った治療方法の中でも最も珍妙なものは、フクロウの心臓と右肢を左の腋の下に挟んでおくと犬にかまれて狂犬病にかかることがない、というドイツのものだろう。ここまで来るともはや『モンティ・パイソン』の世界だが、これはほんの序章に過ぎない。

フクロウを使った治療法を集めれば本が一冊できるだろう。どれも実に無意味なものだが、当時は熱心に行なわれていたのだ。今ここで試みたように、それらを集めたものを読めば、不安を抱えた患者に治療を受けさせる前に必ず対照試験が行なわれる科学の時代に生まれたことに感謝したくなるはずだ。我々は病に苦しんでいる時ほど周囲からの助言を本気にしやすく、かつてはそれをいかさま師やペテン師たちが、現代では信じられないほどのレベルで悪用していたのだ。フクロウも自分たちの体の一部をかつてのように重宝しなくなった現代医学に感謝しているに違いない。我々はフクロウの住む森の木を伐採しているかもしれないが、少なくとも彼らの体の一部を腋の下に挟むようなまねはしていない。

第四章　象徴としてのフクロウ

邪悪なフクロウ

何千年もの間、フクロウは邪悪な精霊とみなされ、夜な夜な獲物となる人間を探して音も立てずに空を飛び回っては危害を加えようとしていると思われてきた。その印象は不気味な鳴き声のせいでさらに増幅され、破壊や破滅、死の使者というレッテルをしばしば貼られることもあった。フクロウは夜にならないと姿を見せないし、姿を見せても驚くほど静かなので、足取りの摑めない犯罪者、暗闇に紛れ込む盗人か殺人犯を思い起こさせる。これまで見てきたように、古代ローマの人々にとって、フクロウの生態は死の使者として恐れられるもののそれを意味した。無害で、潔白で、害虫を食べてくれるフクロウのことをこのようにまったく正当な根拠なく陰鬱な観点からのみ見ていたのは、古代ローマ人に限ったことではない。他の多くの文化圏でも同じように扱われてきたのだ。

聖書にはフクロウを嫌う場面が盛りだくさんだ。旧約聖書ではフクロウに言及した箇所が十六あり、そのほとんどが否定的なものである。まず第一に、フクロウは汚れているために食べてはならないとされている。申命記十四章では、「すべていとうべきものは食べてはならない」とあり、フク

フクロウと猿と山羊（『ラトレル詩篇』、線画、1340年頃）

ロウもこの「いとうべきもの」の中に含まれている。実際、汚れた鳥類が列挙されている中でも、フクロウは特別扱いを受けている。「鷲みみずく、小みみずく、虎ふずく、鷹の類、森ふくろう、大このはずく、小きんめふくろう、このはずく……」。聖書の中で誤解が生じないよう、お腹を空かせて鳥を食べたがっている人が抜け穴を見つけたり、フクロウの中にも例外の種があると考えて食卓に並べたりすることのないよう、大このはずくとこのはずくをあえて別々に明記したかのようですらある。

イザヤ書十三章には、荒廃し住む者のいなくなったバビロンには「ハイエナが伏し、家々にはみみずくが群がり、駝鳥が住み、山羊の魔人が踊る」とある。その少し後、三十四章では再びフクロウが彼らの土地を奪い、その土地は「樹脂となって燃え上がる」とある。そしてこの地は廃墟となり、「ふくろうと山あらしがその土地を奪い、みみずくと烏がそこに住む……山犬が住み、駝鳥の宿るところとなる……夜の魔女は、そこに休息を求め、休むところを見つける。ふくろうは、そこに巣を作って卵を産み、卵をかえして、雛を翼の陰に集める……」とされている。

このように、キリスト教徒にとって不吉な登場を果たしたフクロウのイメージは、その後も数世紀にわたって定着することとなる。十三世紀のヨーロッパでは、フクロウは山羊と猿とともに、悪魔のトリオの一翼を担っている。詩篇、聖歌や賛美歌、祈禱を集めた十四世紀の書物には、この三種の異教的動物が鷹狩りをしている風刺画が収められている。閣下と駿馬と鳥をもじっているのだ。この風刺画では、猿が手袋をはめた手にフクロウをとまらせ、山羊の背に乗っている。

初期の動物寓話集では、フクロウのことがよく書かれた記述が見当たらない。たとえば、コノハズクはとまり木が糞にまみれていて不潔なため、「胸が悪くなる鳥」であり、「罪人が恥ずべき行為を行なうせいでともに暮らす者たちも悪評をこうむるのと同じだ。それは……非常に怠惰であること、怠惰で生気のない罪人が何か善い行ないをしようとしても怠け心はどうにも吹っ切れないということと密接に関係している」とされている。[1] 実際には、フクロウは夜の間に害虫をどんどん食べて、人間にとって「善い行ない」をしてくれているという事実を、これらの物語を著した人たちは知らなかったに違いない。

中世には、一風変わった形でフクロウを利用するキリスト教神学者たちがいた。夜行性のフクロウはユダヤ人の象徴だと主張していたのだ。キリスト教がもたらす明るい日の光よりも自分たちの信じる闇を選んだのがユダヤ人だからという理由である。中世におけるこの種の反ユダヤ主義的な考え方は、フクロウに群がる小鳥たちという構図までも抜け目なく取り上げて、啓蒙的なキリスト教徒たちの道徳的正しさに攻撃されるユダヤ人を表わしているものだとした。

十六世紀のイングランドでも、偉大なる劇作家がフクロウの悪評を後世に語り継ぐ役割を果たしていた。シェイクスピアは『マクベス』の中で、甲高くキーッと鳴くフクロウのことを「最後のおやすみを陰気に告げる不吉な夜番」だとマクベス夫人に言わせているのだ。『真夏の夜の夢』では、コノハズクの大きな鋭い鳴き声について、「病床で苦しむ哀れな病人もそれを聞いて屍衣を思う」とパックが言っている。そこからさらに「今こそ大きく口を開けたすべての墓から亡者たちが現われ出て、教会を目指す時」と続けているのは、滑空する亡者とは実は墓場を飛び回るフクロウのことで、フクロウは肉食の吸血鬼と同じく墓場を住処とし、「魔の時間」である真夜中になるとドラキュラのような翼を広げて飛び立つということを示唆しているのだろう。

『ヘンリー六世』第三部では、シェイクスピアがヘンリー王に古代ローマ人のような台詞を言わせるくだりがある——「お前が生まれる時にフクロウが鳴いたという。不吉な前兆だ……」。『ジュリアス・シーザー』では、シェイクスピアがローマ時代の言い伝えにおけるフクロウの役割に関する知識を確認するかのように、「昨日は夜の鳥が真っ昼間に広場にやって来て、ホーホー、キーッと鳴きわめいていた」とカエサルの口から言わせ、カエサルはそのことを、「不吉だ」と結論づけている。

フクロウと死の強い結びつきは、ある十七世紀の芸術家にインスピレーションを与え、心に焼きついて離れない作品を描かせた。「ウァニタス」と呼ばれるジャンルの絵である。フクロウが人間の頭蓋骨の上にとまったり、頭蓋骨の横には燭台があって、蠟燭の炎は何かを暗示するかのように消えかかっていたりする。「ウァニタス」という言葉は空虚を意味し、この種の絵画は虚栄心や人生そのものの儚さを際立たせることを意図している。絵の中にはたいてい頭蓋骨が描かれ、腐りかけの果物や砂時計、昆虫といった、死の確実性を想起させるものが添えられている。この絵の場合、作者不詳だ

「フクロウと頭蓋骨と蝋燭」（作者不詳、オランダもしくはドイツ、ヴァニタス、17世紀、油彩・板）

満月の夜、棲家を目指すスペインの魔女。箒の柄に使い魔のフクロウがとまっている。

が、死の使者として恐れられているフクロウが頭蓋骨の上にとまり、じっとこちらを見ているという構図で陰気さや不気味さを倍増させている。
サー・ウォルター・スコット（一七七一―一八三二）は「古代ゲール語のメロディ」（一八一九）という詩でこの主題を取り上げた。その中で彼は、「凶兆を告げる陰気で汚れた鳥である夜鳴き鳥、カラス、コウモリ、そしてフクロウ」に言及し、「病に伏せっている人には、そのまま夢を見させておいてやってほしい――一晩中、お前たちの泣き叫ぶ声が聞こえているのだ」と歌っている。[2]
フクロウが描かれた当時の絵の多くでは、フクロウと魔術の間に歴然としたつながりが見られる。今では同じく夜行性の肉食動物である猫が魔女の使い魔として描かれることが多いが、しばしば猫の代わりにフクロウが、夜空を飛ぶ魔女の箒の柄に大人しく座っているところを描かれることもある。
現代になると邪悪なフクロウはその力を失い始めるが、それでも依然としていくつかの陰鬱な領域に潜んでいる。古代の邪悪な象徴が衰退を始めた時、真面目な信仰はえてしてコミカルな娯楽に変わる。ハロウィンがいい例だ。元来は異教徒がケルトの新年を祝う祭りで、この日は生者の世界と死者の世界の境界が曖昧になり、その間は死者が危険な存在となり、生者は自分たちの身を守るため、悪霊の真似をして死者たちをなだめるとされていた。現代では子供たちがこの日を利用して悪霊や魔女に扮し、大人たちを怖がらせている。昨日までは厳粛だった儀式が、軽い茶番になってしまったというわけだ。ハロウィンの仮装に登場する想像上の存在の中には、幽霊や悪鬼、ゾンビ、悪魔、それに最近のホラー映画に登場する怪物などがある。これらの悪霊と行動をともにし、魔女の使い魔として働く邪悪な動物の一つがフクロウなのだ。

最近は、中にフクロウが巣を作ってしまうぐらい大きな魔女の帽子も売られている。帽子からフクロウの顔がのぞいているのは、邪悪なフクロウという古い時代の伝統を現在に残そうとしているつもりなのだろう。ほんのジョークに過ぎないのかもしれないが、ジョークだとしてもその背後には長い歴史があり、たとえ邪悪なフクロウが死や破滅の前兆としてはもはや真剣には捉えられなくなっているとしても、すっかり忘れられたわけではないということだ。

頑固なフクロウ

十七世紀には、フクロウは新しい種類の象徴として知られるようになる。頑固さの象徴としてのフクロウだ。一六〇二年、そして一六三五年に再び、光の強度が増すと視力が限定されてしまう目の持ち主としてのフクロウを描いたエッチングが登場する。フクロウが眼鏡をかけて、両方の鉤爪には燃えさかる松明を一本ずつ持っているのだ。その前には赤々と燃える蠟燭を乗せた燭台が二つ立っていて、空からは太陽が照りつけている。この図が訴えているのは、盲目的な偏見を持っている者にはどれだけ論理的に啓蒙しようとしても、自らの愚行に気づかせることはできない、ということである。実際、論理的な説明をすればするほど、そうした人間の偏見は手に負えなくなっていく。このエッチングには警句として、「盲目的な者には何も見えていない。彼にとって明るさなど一体何の意味があるのか」という言葉が添えられている。その下には、以下のような詩が書かれている。

光の下、盲目の象徴としてのフクロウ（ジョージ・ウィザー『古今エンブレム集』より、エッチング、1635年）

中には我々のフクロウが、
昼間は目が見えない鳥だと思っている者もいた
光を強くすればするほど、
彼らから視界を奪うことになるだろうと
蠟燭も、松明も、昼間の太陽も、
眼鏡も、あるいはこれらすべてを一つにしても、
昼間のフクロウにものを見せることはできない
だが夜になると、フクロウほど目のいい生き物
は他にいない。[3]

同じく十七世紀でもう少し後になると、有名なオランダ派の絵画にも頑固なフクロウが登場する。一六五三年にオリバー・クロムウェルが英国議会を解散させた場面を描いたものだ。改革の必要性を認めようとしない議会に憤りを感じたクロムウェルは、議場に入ると議員たちに向かって、飲んだくれで女たらしで腐敗した不誠実な連中だと罵詈雑言を

議会のフクロウ（オランダ派の絵画）。1653年4月19日、オリバー・クロムウェルは英国の「残部議会」を解散させる。この後、クロムウェルは護国卿となり、独裁的権力を手に入れる。

浴びせ、四十名のマスケット銃兵に援護されながら議場から議員たちを追い出してしまう。中には力づくで追い出された議員もいた。連れ出される議員たちの先頭には、眼鏡をかけて大きな鉄製の襟に火をともした蠟燭を立てたフクロウが描かれている。この劇的な場面にフクロウを描くことによって、議場を追われる議員たちが抜本的な改革を再三にわたって求められながらその必要性をまったく理解していなかったことを強調しているのである。ここでもフクロウは、頑固さと強情なまでの盲目性の象徴として描かれている。

乗り物としてのフクロウ

アジアではヒンドゥー教が信仰されている地域で、フクロウは複雑に相反する二つの象徴とされている。第一の役割は、バーハナ、つまり女神のための聖なる乗り物である。ここで言う女神とは「ラクシュミー」と呼ばれる富と繁栄の女神のことであり、彼女の乗るフクロウはサンスクリット語で「ウルーカ」と呼ばれている。フクロウは女神と関わりがあるとされているにもかかわらず、インドの一般の人たちには好意を持たれておらず、凶兆の象徴、不運をもたらす鳥とみなされている。フクロウが家にやってくると何かよくないことが起きると信じているのだ。

フクロウは、孤独や恐怖、孤立といった独特の生態を持つとされている。その意味で、フクロウは一般的な日々の暮らしからかけ離れた金持ちのような存在とされているのだ。そのため、フクロウは女神ラクシュミーにとっては乗り物なのだが、莫大な富の象徴である女神にさえ、落とし穴には常に気をつけなくてはいけないと思い起こさせる存在ともなっている。ラクシュミーは潤沢な財、あるいは精神的な豊かさの象徴であると同時に、自分さえよければいいという孤独な守銭奴であってはいけないのである。一年のうち特別な夜に、女神は貧しい人々のもとに現われて貧困という闇を持ち去るために地上に舞い降りるのだが、その際、最も暗い闇に包まれたところを知る存在として夜の鳥である大きな白いフクロウに乗ってやって来る。そこでこそ女神としての力を発揮できるというわけだ。

紛らわしいことに、インド北部の都市ルディヤーナーでは、毎年、「ディワーリー」という灯明の祭りの間、ラクシュミーを称えるためにフクロウを捕まえて殺している。地元の新聞の見出しによると、「ルディヤーナーでは、ディワーリーはフクロウにとって死を意味する日。不運な鳥はラクシュミーを鎮めるための生贄となる」ということだ。フクロウを捕まえた者は、金銭問題に苦しむ人や、フクロウを差し出すと繁栄の女神を喜ばせることができると信じる者、フクロウが自分たちの抱える

女神ラクシュミーとフクロウ。インドで人気の絵。

問題を解決してくれると信じる者に売ることができる。フクロウを捕まえる者のところには毎年、「幻滅した企業経営者」たちがやって来て、フクロウの肉や嘴、鉤爪、羽、血などの各部位を使って黒魔術をするように依頼されるという報告もある。ラクシュミーが空を駆ける際に移動手段としてその背に乗る鳥を殺すことが、どうしてその女神を喜ばせることになるのか、その矛盾についてはまったく明らかにされていない。論理的に考えると、儀式としてフクロウを殺すこと、女神から聖なる乗り物を奪うことは、女神を悲しませるか怒らせるかのいずれかであるはずだ。つまりこれもやはり、ヒンドゥー教圏でフクロウが果たしている矛盾した役割の一つなのだ。

インドの人々の大半は、フクロウを怠惰の象徴と考えている。じっと木にとまったまま何もしていないように見えるからだ。妻は、家事を手伝わない夫のことを「フクロウのように無為に過ごしている」と表現する。にもかかわらず、最近のインドの店先で見かける真鍮製の小さなフクロウの置物はとても生き生きとしていて、今にも動き出しそうだ。

肢の長いフクロウ（インド、ムンバイの工芸家による作品、真鍮製、20世紀半ば）

インドにおけるフクロウに対するこうした姿勢には、賢いフクロウではなく邪悪なフクロウという古代の捉え方に近いものが感じられる。しかし一方でウルーカは愛すべき繁栄の女神から信頼のおける乗り物として認められていて、彼女の仲間であるシヴァ神に仕えることもしばしばある。こうした興味深い多義性はヒンドゥー教の他の点においても見られることで、それが西洋人からすると彼らの教義が理解し難く感じられる理由の一つなのかもしれない。

賢いフクロウ

今日では、フクロウは親しみやすくて賢い鳥だというのが最も一般的な捉え方である。これまで見てきたような、魔術師とか破滅の使者という見方はほとんど過去の迷信として葬られている。自然史を扱った本やテレビ番組のおかげで、我々は今日のフクロウの生態の不思議について詳しく知ることができ、想像の中でさえ、驚異の鳥以上の存在としてフクロウを見ることはなくなった。しかし科学的事実に基づいた客観性はいったん忘れて、想像力を少し働かせて空想に浸ってみると、どういうわけかフクロウを好意的に眺めてしまっていることに気がつく。

フクロウの特徴として賢明さが選ばれたのは、単に頭の形が人間と似ているからというだけの理由による。幅の広い顔で真面目そうな大きな目をこちらに向けてぱちくりとさせられると、フクロウの脳にも我々と同じように、他の鳥類をはるかに凌ぐ知性を備えた高度な神経細胞が詰まっているという印象を抱いてしまう。鳥類の一種ではあるのだが、脳に関しては鳥類のそれではないと思ってしまうのだ。その結果、数えきれないほどの神話や伝説や大ぼらの中で、フクロウは賢明な思考の権化として描かれることとなった。その古典的な例として、ラ・フォンテーヌによるネズミとフクロウの物語がある。(4) 松の木のうろに住む頭のいいフクロウの話で、うろの中には、

肢のないネズミがたくさん、
しかし食べるものは十分に与えられているので丸々として肥えている。
鳥はネズミの肢をすべて食いちぎり、
山と積まれた小麦を食べさせていたのだ。
そのわけをフクロウはこう話す――
獲物を捕まえるために最初に飛び立ち、
ネズミを生け取りにして戻ってきた時、
鉤爪でしっかりと捕まえていたはずなのに
すばしこいネズミは逃げてしまったのだ。
次は絶対に逃がさないと心に決めると、
捕まえたネズミの肢を食いちぎり、そうすればなんと！
いつでも好きな時に食べることができるのだ。
全部を一度に食べることは
いくら体調がよくてもできない。
我々と同じようにフクロウが先々まで考えられるということは、
ネズミにえさをやることで示された。

ネズミとフクロウ。ジャン・ド・ラ・フォンテーヌ『寓話詩』（初版1678年）の1841年版のためにJ.J.グランヴィルが制作した木版刷り。

ここで言われているのは、フクロウは我々と同じように物事を論理的に考え、ネズミの肢を食いちぎったうえで生かしておいて、太らせ、夜の狩りに出かけても新しい獲物が捕まらなかった場合にそれを食べるなどしてやりくりすることができるということだ。ラ・フォンテーヌはこの詩に注釈をつけて、これは観察に基づいた事実だと主張している。さすがにそれは馬鹿げていて、どうしてそのような主張ができるのかと疑問を持たれて当然である。こういう場合、たいていは断片としての事実がいくつか存在し、それらが合わさった時に、それらを単純に足し合わせた以上のものができあがってしまうものだ。フクロウは仕留めた獲物を食べきれなかった場合、あとで食べるために取っておくことがあると言われている。また、ネズミの中には、フクロウに捕まった時に全身の力を抜いて死んだふりをして、フクロウが鉤爪の力を緩めた隙を狙ってさっと逃げるものがいるということも知られている。そして三つ目として、フクロウが罠に肢をとられたネズミを食べるために、その肢を食いちぎって罠から外していたという目撃談がある。これら三つの別々に伝えられている事実、あとで食べるためにネズミを取っておくこと、捕まったネズミが生きている場合があること、鉄製の罠にかかったネズミを外すために肢を食いちぎることが合わさると、フクロウは「家畜」を育てられるほど頭がいいというシナリオを描くまではあとほんのわずかである。よくあることとして、動物の生態にまつわるどんな突飛な物語の中にも一握りの真実があり、その一握りの真実さえあれば、神話は生まれ、語り継がれ、独り歩きを始めるものだ。

非常に頭のいい鳥として想像力豊かにフクロウを捉えることは、二千年前からすでに始まっていた。これまで見てきたように、それは古代ギリシアで主流派の見解として始まったものだが、現代においても廃れていないのは、古代ギリシアに敬意を払い、古代ギリシア社会に関して学術的な知識が育ってきたからなのか、それともヴィクトリア朝時代に動物に対する態度が大きく変化した中で個別に発展したことなのかは、判明していない。動物保護が初めて大きな運動となったのは十九世紀に入ってからのことで、この時期に特殊団体がいくつも設立され、動物虐待を防止し、動物に対してもっと思いやりのある態度を取ろうという活動が促進されるようになった。

いずれの理由にせよ、ヴィクトリア朝時代の一般の人々がフクロウを邪悪な鳥ではなく賢明な鳥とみなしていたのは紛れもない事実である。一八七五年発行の「パンチ」誌に次のような詩が掲載されている。

樫の木に一羽のフクロウが住んでいた
フクロウは周囲の話を聞くばかりで、自分はほとんど話さない
自分はほとんど話さずに、周囲の話を聞いてばかり――
ああ、人間もみなこの賢い鳥のようであったなら(5)

現代でも、ある特定の場面においてフクロウは賢さと親しみやすさの象徴として登場することがある。スコットランドでは結婚式に生きたフクロウがしばしば招かれる。新郎の付添人に結婚指輪を運ぶ役割を任されるのだ。式の開始時には教会後方のとまり木で準備していて、その脇には訓練師も控えている。指輪を求められた新郎の付添人が後方を向くと、フクロウは放たれ、音も立てずに前方ま

ファイフにあるバルゴニー城で行なわれた結婚式でのフクロウ（スコットランド、2008年10月8日）。

で飛んでいって、付添人の腕にとまる。その肢の片方には革製のストラップが巻きつけられていて、新郎の分と新婦の分と、指輪が二つ通してあるのだ。付添人はこれを取って、式を執り行なう牧師に手渡す。こうして指輪をはめた若い二人は、フクロウの知恵にあやかることができたと感じるのだ。

念のために記しておくと、科学的な見地から言えば、悲しいことにフクロウは鳥類の中で最も賢いわけではないというのが事実だ。フクロウの知恵とは、見た目に起因する思い込みに過ぎない。動物の知能はその生態と関係があり、知的なのは、特殊な能力を持つ生き物よりも便宜主義の動物である。便宜主義の動物――カラスなどの鳥は生存のための特殊能力を持たないので、毎日を生きるためには知力に頼らなければならず、ありとあらゆる手段を試みている。その一例として、嘴を使っても割れない固い木の実を大通りに落とすことを覚えたカラスがいる。そうすると車に轢かれて割ってもらえるのだ。横断歩道の上に落とすこともある。車の流れが途切れた時に自らが轢かれることなく回収できるからだ。こんな知能をフクロウが発揮することは考えられない。他の猛禽類と同様、フクロウは高度に特殊な感覚器官が発達していて、獲物を捕まえるために必要な肉体的特徴も優れているので、便宜主義の動物のように毎日を生き延びるうえで困難を伴うことがない。蛇と同じで、フクロウも襲いかかって、食べて、休息していればいいというわけだ。

護り手としてのフクロウ

フクロウにはもう一つ、象徴として果たしている役割がある。この場合、邪悪か神聖かということはあまり問題ではない。それは護り手としての役割を期待されているからで、護り手としてのフクロウが味方についているのなら、外敵から自分の身を守ってくれる限り、それが悪魔であろうが学者であろうが、そういったことは大したことではなくなる。

これまでも、凶運や悪霊から持ち主を守るお守りあるいは魔除けとして、何種類かの異なる動物が用いられてきた。フクロウも、死や凶兆と関連づけられているにもかかわらず、こうした役割を求められてきた。その理由は明白だ。フクロウが死の使いならば、その力を自分にではなく相手に向けると想像することで幸運のフクロウとすることができる。つまり、フクロウが恐ろしい存在なのであれば、自分の敵を怯えさせるように利用すればいいのだ。

アジアでは、トルコやモンゴルなどで、フクロウは病気の原因となっている悪霊を退治するという信仰があって、病気で寝ている子供のゆりかごの近くでフクロウを飼うところもある。

日本ではアイヌの人々が、飢餓や伝染病が流行すると木彫りのワシミミズクを作り、釘で家に打ちつけて家内の安全を祈願するという。今日でもアイヌの人々はフクロウを幸運のお守りにしていて、魔除けとして作られた手作りの木彫りのキーホルダーやチェーンになったフクロウが売られている。ニシキギで作られたこのフクロウは非常にシンプルな形に仕上げられて金や緑の色がつけられ、その持ち主だけでなく村全体を見守ってくれると信じられている。村全体で協力して作った大きなサイズの「村の守り神」の像もある。

奇妙なことに、アイヌの人々はフクロウのすべての種を守り神にしているわけではない。紛れもなく邪悪な存在だとされているフクロウもある。そうしたフクロウは人間にとって有害で、善人と悪人を見分ける能力を持っていると考えられている。そのフクロウを捕まえてみると、善人を見る時は目を開けていて、悪人を見る時はほとんど目を閉じてちらとしか見ないそうだ。目を開けて見つめるこ

日本のアイヌ文化で護符として使われているフクロウのキーホルダー(20世紀)。ニシキギの木を彫って、色をつけてある。

ハートと花柄の幸運のフクロウ(ミノルカ島、陶磁器、20世紀後半)

とは「人を見抜く」、薄目を開けて見ることは「人を無視する」という言い方をされる。また、月を横切って飛ぶフクロウの影を見た者の命が助かる見込みはまずない。というのも、これは差し迫った悪がいよいよひどい状態になっていることを意味しているからで、近づく悪魔から身を隠すには名前を変えるしかないという。

地球の反対側、地中海に浮かぶバレアレス諸島のミノルカ島でも、フクロウはお守りとして利用されている。今日でも、ミノルカ島の人々にとってフクロウは幸運のお守りや魔除けとして最も人気のある存在で、悪霊から身を守り、邪悪な目をたじろがせるために、ペンダントにして首からぶら下げたり、自宅に陶磁器を置いたりしている。大胆に簡略化された体に二つの大きな丸い目と小さな嘴がくっついただけのものもある。他を省略することで、邪悪な目以上ににらみつける力を持つために必要な要素だと考えられているのは大きな目だということを強調しているのだ。ミノルカ島では、家の中に置いて家内の人間を不運から守るとされているフクロウはもっと大きく、たいてい白い陶磁器製で、赤やオレンジ、紫、緑、青など鮮やかな色を使った模様が全体にあしらわれている。

フクロウが象徴として実にさまざまな役割を担っていることは否定のしようがない。夜行性の肉食鳥であることから邪悪とされ、日中は（おそらく）あまり目が見えないことから盲目的に頑固だとされ、素早く優雅に飛び回るところから神々の乗り物にされ、真面目な表情ゆえに賢いとされ、力強い鉤爪を持つことから護り手とされている。ここまで多岐にわたる象徴的意味合いを持つ動物は他にはなかなか見当たらない。フクロウがこうも長きにわたって人間の神話に複雑に関与してきたことも納得だ。

第五章　エンブレムになったフクロウ

今日では、さまざまな組織や団体がエンブレムにフクロウのデザインを採用している。バッヂや旗、看板、紋章にフクロウをあしらって自分たちのアイデンティティを表わし、ライバルと差別化を図るための魅力的なロゴを作成しているのだ。スポーツクラブなら空から獲物を目がけて舞い降りる時の鋭い鉤爪を強調して肉食鳥としてのフクロウを描くだろうし、学会であれば賢明なフクロウとして描いて知の象徴とするだろう。このようにフクロウをエンブレムとして使用するという現代的な手法には長い歴史があり、十六世紀、もしくはそれ以前まで遡ることができる。

アンドレーア・アルチャートが『寓意画集《エンブレマタ》』を刊行した一五三一年以降、イラストを添えたエンブレム・ブックが流行する。(1) 彼が考えたのは、古い寓話や教訓を含んだ物語を下敷きに、それらのエッセンスを凝縮して物語を警句や絵で表わし、図版と詩の形で分かりやすく伝えることだった。道徳概念を手短に、かつ優雅に表現することができれば、「我々がバッヂを呼ぶようなものを芸術家が作り、それを帽子につけたりトレードマークとして使ったりする」ことができると考えたのだ。一五三四年の改訂版では、一ページにつき一つのエンブレムが紹介されるように編集し直された。この手法は非常に人気を博し、その後も数世紀にわたってエンブレムを集めた本が数多く刊行されるようになり、幅広いジャンルにおいて教訓を絵で表わすことが盛んに行なわれるようになった。

アルチャートが制作したエンブレムの一例を挙げると、一一六番のエンブレムは、上半身裸になった少女の左の胸を年配の男が愛撫する様子が描かれている。二人は木の根元に腰を下ろし、近くの地面に横たわる死体の胸の上に一羽のフクロウがとまっている。この奇妙なシーンは、もうすぐ死体になろうかという年老いた男に若い女性が身を任せるのは間違っているという考えを表わしたものだ。この絵に添えられたラテン語の詩で、年配の男（この場合は年老いたソフォクレス）は権力や富を利用して若い女性を誘惑してはいけないという作者の主張が明らかにされている。「墓石にとまるヨタカや死体の上で休むミミズクのように、少女はソフォクレスの隣に腰を下ろす」。ここでのフクロウは幾分変わった象徴として使われている。生きているのだが墓場とつながりがある（夜になると

ANDREÆ ALCIATI
Senex puellam amans.
EMBLEMA CXVI.

DVM Sophocles (quamuis affecta ætate) puellam
A questu Archippen ad ſua vota trahit,
Allicit & pretio, tulit ægrè inſana iuuentus
Ob zelum, & tali carmine vtrumque notat:
Noctua vt in tumulis, ſuper vtque cadauera bubo,
Talis apud Sophoclem noſtra puella ſedet.

ID ex Athenæo lib. 13. Dipnoſoph. Ex quo diſcimus turpiſſimum eſſe ſeni amore diffluere: quod & Deo & ipſi etiam naturæ odioſum eſſe noſtri dictitant. Notum illud Ouidij,
Turpe ſenex miles, turpe ſenilis amor.

フクロウと死体と、少女と老人。アンドレーア・アルチャート『寓意画集』（1584年）より。木版画。「死体の上で休むミミズクのように、少女はソフォクレスの隣に腰を下ろす」。

かすめ飛んでいるところが目撃される）ことから、死体と何らかの関わりを持つものとみなされているのだ。つまり想像力を大いに働かせてみると、エンブレムとしては、片足を墓に突っ込んだ老人と付き合っている生命力に満ちた若い女性をフクロウが表わしているということになる。しかし、このように若い女性の象徴としてフクロウを取り上げることは流行らず、確認した限りでは、これ以外、どの神話にも民話にも登場していない。

このジャンルにおけるそのわずか後の文学作品として、ギヨーム・ド・ラ・ペリエールの『モロソフィー』（一五五三）がある。[2] エンブレム集として初めて、ラテン語とフランス語の二か国語で著されたものだ。この中に、開け放った扉のすぐ外に植わっている木に一羽のフクロウがとまっていて、

夜の静寂をフクロウの鳴き声が切り裂く。ギヨーム・ド・ラ・ペリエール『モロソフィー』（1553年）に収録された木版画。

その奇妙な鳴き声に眠りを妨げられて驚いている男女二人を描いた図版が掲載されている。本文を翻訳すると、「深い夜の中、安らかに眠っている者がくぐもった鳴き声を上げる鳥に眠りを妨げられるように、邪悪な毒を吐いて他人を中傷する者に眠りを妨げられ、健全な精神は平静を失って嘆く」とある。ここでのフクロウは明らかに縁起の悪い夜の鳥として描かれていて、心を乱す不気味な鳴き声で無垢な人々の眠りを妨げている。

この出版現象に続いた一人、ジョルジェット・ド・モントネは最初期のフェミニストの一人に数えられることもある人物で、一五八四年にキリスト教の百のエンブレムを収録した一冊を制作している(3)。これは、当時一般的だった通常の木版画ではなく線彫り銅版画による図版を採用した初めての本となった。ピエール・ヴェリオの手になるこれらの銅版画のおかげで、より正確で細かい表現が可能となった。その中に、フクロウの象徴として興味深いものがある。切断された手を先端に装着した長い棒をフクロウが持っているのだ。それを燃えさかるランプに向けて伸ばし、死者の指でランプの中の熱いオイルに触れようとしている。この絵のタイトルは「わたしはかくして生きる」というものだ。この奇妙な場面には、「燃えさかるランプの中にあるオイルを求めて、フクロウは自らの鉤爪を危険に晒すことはない」という解説が付されている。これは、困難な問題に直接立ち向かうことのできない悪魔が、邪悪な連中を率いる者を利用して無邪気なものに対して野蛮な手を使うことを象徴的に表わしたものである。ここでのフクロウは悪魔の表象で、エンブレムとしての使われ方はかつての民話にも出てくる邪悪なフクロウが起源となっているのだろう。

一六三五年、オックスフォードの学者と呼ばれた詩人ジョージ・ウィザーが、英語で書かれた『古

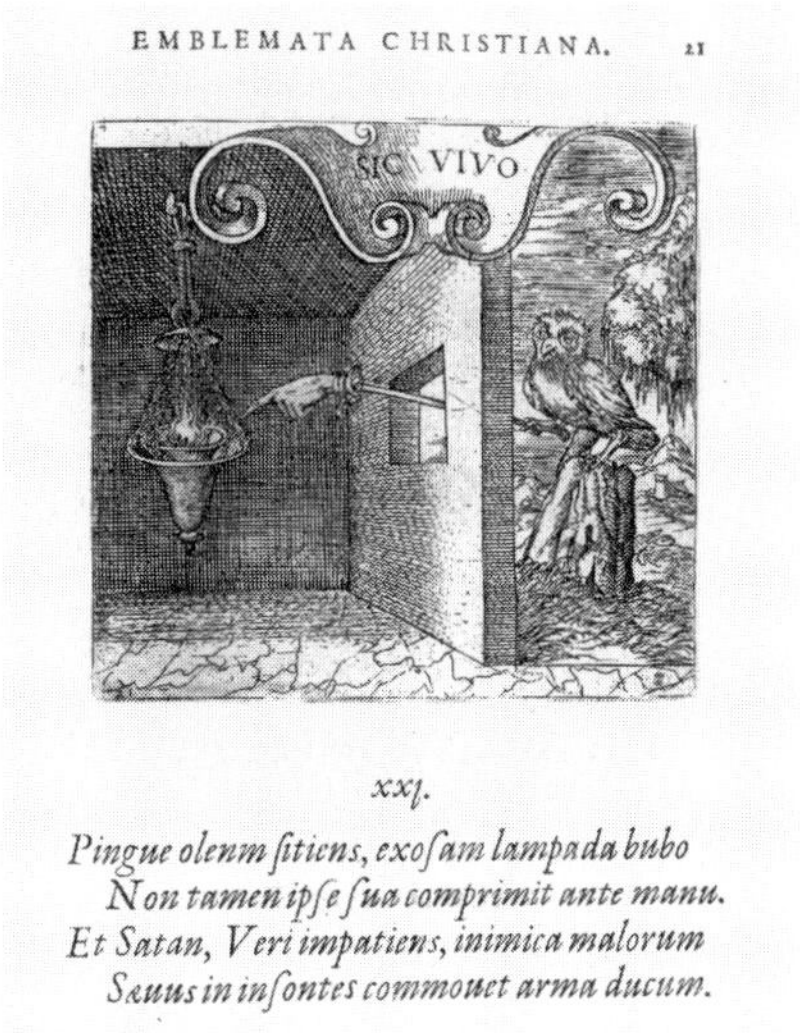
EMBLEMATA CHRISTIANA. 21
SIC VIVO
xxi.
Pingue olenm ſitiens, exoſam lampada bubo
Non tamen ipſe ſua comprimit ante manu.
Et Satan, Veri impatiens, inimica malorum
Sæuus in inſontes commouet arma ducum.

「わたしはかくして生きる」。ジョルジェット・ド・モントネ『キリスト教的エンブレム』(1584 年)所収の銅版画(ピエール・ヴェリオ)。

今エンブレム集』を発表した。十六歳でオックスフォード大学モードリン・カレッジに進学したウィザーは、歯に衣着せぬ主張を盛り込んだ書を数多く刊行し、その表現方法を巡って一度ならず投獄されている。彼のエンブレム集には、「寡黙な寓話」と呼ばれる形式で、有益な助言がいくつも収められている。これは寓話を題材にした絵のことで、警句や詩が添えられている。ここで描かれているフクロウは、どれもエンブレムとしてそれぞれ異なる役割を担っている。その中の一つ、一匹の蛇が絡みつく杖の頂に翼を広げたフクロウがとまっている絵は、のちに医学のシンボルになった[4]。両脇にはメルクリウスとパラスが立ち、それぞれ豊饒の角であるコルヌコピアイを持っている。この文脈ではフクロウは夜を表わし、「己の仕事を日の当たるところに持ち出す前に、夜の間にもう一度考えよ」という警句が添えられている。言

夜の象徴としてのフクロウ。ジョージ・ウィザー『古今エンブレム集』（1635年）に収められたエッチング。

い換えれば、適当なことは口にせず、よく考えてからものを言うように、ということである。絵の下に置かれた詩で作者は、豊饒の角は「ここではアテーナーの鳥が示すたゆまぬ注意力」によって産み出される富を表わすと指摘している。そして「夜の間に、我々は目的について思いを巡らすがいい。（中略）外の世界はよく見えても、内なる世界に対して盲目なのが我々なのだから」と締めくくっている。

日中の狂気じみた混乱にも惑わされず、ゆえに沈思黙考する余裕のある闇夜の鳥としてフクロウを捉えるという視点は、フクロウを賢明さのシンボルとする場合と似通った点があるという意味で興味深い。フクロウを賢明な鳥と考えるのは単に頭の形状が人間と似ているからだけではなく、日中の不安や混乱を避けられる時間帯に起きているという事実も関係しているのかもしれない。ウィザーのエンブレム集に出てくるもう一つの例では、唇を引き締めて耐えることをよしとする英国人の姿勢をフクロウに

堅忍の象徴としてのフクロウ（ジョージ・ウィザー『古今エンブレム集』）

託している。(5) ここでのフクロウは、怒りたくなるような状況での堅忍と沈着を表わしている。とまり木にじっととまったまま、怒った鳥たちに群がられているのだ。警句には、「うるさく要求する群衆の前では黙っているがいい。我々は口を慎むべきである」とある。作者はこの主題についてさらに次のような詩を書いている。

ふさぎ込んだフクロウを見て、
どれほど辛抱強いのかと思う
あんなに群れて騒がしい鳥たちを耐え忍んでいる
なんて。
鳴くだけの小さな鳥たちなど歯牙にもかけず……
彼らを見て、わたしは学んだ
無礼なおしゃべりによる中傷を躱《かわ》し、
うるさく咎める者の嘲りを意に介さず、
勇気を持って相手を無視し、不当に耐えることを

知恵の象徴としてのフクロウ（ジョージ・ウィザー『古今エンブレム集』）

ウィザーの三つ目のエンブレムは、知恵と学習のシンボルとしてフクロウを描いている。開いた本の上にフクロウが立ち、「勉強をして、常に用心深くあることで、知識という宝物を我々は手に入れることができる」という警句が添えられている。[6] エンブレムの下には、学生に対して、肉欲を捨て、法に背くようなことは考えず、飲酒を控えるようにと訴える長い詩が書かれている。もしそれができないようであれば、「それはアテーナーのフクロウが象徴するものではなく、我々英国におけるフクロウが表わすものである」と締めくくっている。ウィザーによってアテーナーのフクロウが知恵の象徴とされているのは分かるが、英国のフクロウが強欲で法を犯す飲んだくれとされている理由は謎である。

ウィザーの四つ目のエンブレムはさらに陰気で、人間の頭蓋骨の上にとまっている。[7] その上に書かれた警句には、「たとえ今は呼吸を楽しめていようとも、死を意識し続けるがよい」とある。詩はこ

死すべき運命の象徴としてのフクロウ（ジョージ・ウィザー『古今エンブレム集』）

の点についてさらに言及していて、この世で我々に与えられた時間は限られているのだから、今日やるべきことを明日に延ばすなと読者に警告している。ここでのフクロウは、墓場に棲み、死と結びついた陰鬱な夜鳥である。

もっと現代になると、まったく異なる種類のエンブレムが登場する。ガールスカウトのリーダーがつけるバッヂである。一九一〇年、ボーイスカウトの女の子版とも言えるガールガイドが組織されると、想定していたよりも幼い七歳から十歳の女の子たちも加入を希望していることがまもなく分かり、年齢に応じた別の集団を結成する必要が出てきた。その集団は、ジュリアーナ・ホレイシア・ユーイングが一八七〇年に発表した物語に登場する頼もしい妖精に因んで、「ブラウニー」と呼ばれることになる。ブラウニーの活動が正式に始まったのは一九一四年で、ブラウニーの一団を率いる指導員の大人は「ブラウンアウル」（モリフクロウ）と呼ばれた。ブラ

ブラウンアウル・ピンバッヂ。1919年から1966年まで、イギリスのガールガイドたちがつけていたブロンズのバッヂ。

ウンアウルに選ばれた女性は、長く曲がった羽角が特徴的なモリフクロウの頭部をデザインした特別なバッヂ、「ブラウンアウル・ピンバッヂ」をつけていた。こうした初期のバッヂなど、当時のグッズは今ではコレクターズ・アイテムとなっている。ブラウンアウルになるために必要な資質については、「ブラウンアウル・ブランケットパッチ」にある程度詳しく書かれている。少し驚いたような表情を浮かべた小さなフクロウに見つめられ、ブランケットパッチには「勇気、信頼、規律、能力、思いやり、社交性、知性、愛嬌」という言葉が書かれている。象徴的に高潔なフクロウとして、これ以上の道徳性を求めるのはなかなか難しいだろう。ブラウンアウルの下には「トーニー・アウル」、もしくは「スノーウィー・アウル」と呼ばれる補佐役のメンバーがつくこともあった。どうしてこの団体の指導員たちはフクロウの名前で呼ばれるのかとブラウニーの団員に訊ねたところ、「ブラウニーの物語に因んでいるのです。

トミーとベティが森の中で賢いフクロウと出会い、正しい行ないをするように導かれた話です」という答えが返ってきた。

さらに現代では、フクロウはあいかわらずエンブレムとして広く使用されている。しかし本当にふさわしい象徴として選ばれているのかと考えてみると、以前と比べて怪しくなってきているようだ。たとえば、バルセロナではネオンサインの取りつけを行なう会社が、ディアゴナル通りとサン・ジュアン通りの交差点に建つ建物の屋上に大きなフクロウを設置している。ネオンサインの明るさを宣伝するために、じっと見据えるフクロウの目を採用したというだけの発想だ。設置された当時は、夜になると目から催眠状態を誘うような輪状の光を一晩中発していた。二〇〇三年になってこの光は止められている。おそらく夜に活動的なカタルーニャ人たちには迷惑だったのだろう。しかしフクロウそのものは今もそこにあって、世界最大のフクロウの一つとなっている。

政治の世界では、二〇〇八年のマケイン対オバマの選挙戦で、フクロウのエンブレムが小さなテーマとして取り上げられた。アウトサイダー・アーティストのアンドリュー・マスが、オバマ陣営の採用したスマートなルリツグミに対抗して、マケイン陣営の老獪さの象徴としてフクロウを描いたのだ。「清廉と真実」と書かれた枝に両陣営の鳥がとまり、フクロウが象徴するマケイン氏の年の功か、ルリツグミが象徴する若いオバマの勢いか、有権者に選択を迫るというものだった。

世界を見渡すと、少なくとも三つの地域でフクロウが公式エンブレムとして採用されている。カナダでは、一九八七年七月十六日にマニトバ州がカラフトフクロウ（*Strix nebulosa*）を州鳥として採用している。渡りをせずに一年中マニトバで過ごすこのフクロウは、州内の混交林でも針葉樹林でも一

アウトサイダー・アーティストのアンドリュー・マスによる「オバマ対マケイン」（イリノイ州、2008年）。色つきインクで書かれたこのスケッチは、老獪なフクロウのマケインとルリツグミのオバマを「清廉と真実」と書かれた枝の上に並置している。

年を通して見ることができる。そのさらに西に行ってアルバータ州でも、アメリカワシミミズク（*Bubo virginianus*）が州鳥に選ばれている。もともとの州章は一九〇七年にエドワード七世から贈られたデザインが施された楯だったのだが、一九七七年に州の児童たちがもう一つのエンブレムを選んだのだ。子供たちは州鳥としてフクロウに投票し、議会も、「機知に富んだ快活なアメリカワシミミズクは、過去においても現在においてもアルバータ州民が誇る一番の特性を表わしている」として承認したのだ。今ではキャラクターとなり、「フクロウのウギー」という名前までついて、州都であるエドモントンのスポーツ・マスコットになっている。ウギー（Wugie）というのは、ワールド・ユニバーシティ・ゲームズ・イン・エドモントン（World University Games in Edomonton）の頭文字を取ったものだ。カナダ東部では、ケベック州も州議会が州鳥としてフクロウを採用している。ここで選ばれたのはシロフクロウ（*Nyctea scandiaca*）で、この地の北部が氷に覆われた不毛地帯だということを考えると適切な選択と言えるだろう。マニトバ州同様、ケベック州がフクロウを選んだのも一九八七年のことで、ちょうど環境の質を高め、野生の動植物を保護しようという動きが全国的に高まっていた時期にあたる。

スポーツチームでもフクロウをマスコットにしているところがある。アメリカではフィラデルフィアにあるテンプル大学の各クラブが「テンプル・アウルズ」と呼ばれている。この愛称は、テンプル大学が設立当時は夜間学校だったことに由来している。ロゴを見ると、大学が強調しているのはフクロウの知性ではなく素早い攻撃力であることがはっきりしている。怒ったようなしかめ面をしたフクロウが鋭い嘴を開け、大きな鉤爪はいつでも獲物を捕まえられる準備をして、空から舞い降りてきて

フクロウのウギー。国際大学スポーツ連盟主催のユニバーシアード（1983年）で、アルバータ州エドモントンが採用したマスコット。

テンプル・アウルズ。テンプル大学（フィラデルフィア）のエンブレム。

シェフィールド・ウェンズデイFCのエンブレム。

いるところを表わしたものだ。残念なことに、このロゴのデザイナーはフクロウにあまり詳しくなかったのだろう、ワシのような肢になっている――三本の指が前を向いて一本が後ろを向いているのだ。フクロウの肢は対趾足と呼ばれ、二本が前を向いて二本が後ろを向いているのである。

アメリカでは、プロのアイスホッケー界でもフクロウのエンブレムを使っているチームがある。コロンバス・アウルズは、一九七七年までオハイオ州コロンバスのオハイオ・ステート・フェアグラウンズ内にあるフェアグラウンズ競技場でプレーしていた。一九七七年に同州内のデイトンに本拠地を移してデイトン・アウルズと名称を変えたが、フクロウのエンブレムはそのままだった。その後、グランドラピッズ・アウルズとなって一九八〇年まで活動したが、そこでとうとうチームとしては消滅した。それでもフクロウのエンブレムは生き残った。グランドラピッズ・ジュニア・アウルズ・ホッケークラブのオーナーが名称とロゴを譲り受けたいと申し出、それが認められてエンブレムが引き継がれたのだ。これはエンブレムがクラブそのもの以上に成功した例と言える。

イングランドでフクロウが公式エンブレムになっているスポーツチームと言えば、一八六七年創立のシェフィールド・ウェンズデイFCだ。創立二十年でプロのクラブとなったこのチームのもともとの愛称は「ブレイズ」（刃）だった。シェフィールドは刃物製造の中心地として有名だったからだ。その後、二十世紀に入り、選手の一人がアウラートンにあったスタジアムに敬意を表してチームにフクロウのお守りを贈り、以来、「アウルズ」と呼ばれるようになった（それまでのブレイズという愛称は、ライバルチームのシェフィールド・ユナイテッドが引き継いでいる）。新しいエンブレムを用いた最初のクラブバッヂには木にとまった少し大人しそうな小さなフクロウがあしらわれていたが、最近ではもっと力強さを前面に出したデザインになっている。エジプトの象形文字を参考にしたのか、体は横向きで頭部はこちらを向いている。

イングランド北部には他にも、短い期間ではあったがフクロウをエンブレムに起用していたことのあるサッカークラブがある。一九六四年に、リーズ・ユナイテッドが三羽のフクロウをあしらった同市の紋章のデザインを借り受けたのだ。三羽のうちの二羽は飾り冠を頭に乗せている。市の紋章は、リーズ市議会の初代議員だったサー・ジョン・サヴィルの家紋をもとにしたものだった。サッカーク

フクロウをあしらったリーズ市議会の紋章。

スノーレッツ（長野オリンピックのマスコット）。

金色のフクロウ。リーズ市役所前に建つ像。

ラブが作ったフクロウのエンブレムは（おそらくシェフィールドのフクロウと比べて見劣りしたために）長続きしなかったが、市のフクロウはリーズ市の紋章として現在も堂々と活躍していて、官庁街にある市役所前に大きな金色のフクロウの像が建っている。イングランド北部でフクロウのエンブレムを使用している三つ目のサッカークラブ、オールダム・アスレティックは、リーズ同様、地元の紋章にあしらわれていたフクロウを使ったのだが、シェフィールド・ウェンズデイのサポーターに敬意を表し、愛称としてはアウルズを採用しなかった。オールダムのフクロウは少しもったいぶっていて、市章にかけた洒落とも言える。古い発音では、町の名前が「アウルダム（Owldham）」だったのだ。

一九九一年になってようやく独立を勝ち取ったスロベニアでは、二〇一三年に予定されている第二十六回冬季ユニバーシアードの開催候補地として名乗りを上げるために、新しいマスコットを必要としていた。そしてフクロウが選ばれた。というよりも、フクロウの目と嘴を極端にデフォルメしたデザインだった。フクロウが選ばれたのにはいくつかの理由があった。フクロウは知識と知性の象徴であること。音も立てず優雅に飛翔すること。スロベニアの森や町のどこにでもいるということ。そしてこれが面白いのだが、フクロウが夜に活動的な鳥であるように、ユニバーシアードも日が落ちたからといって終わるスポーツイベントではなく、そのまま夜の社交に突入するということだった。

世界を見渡すと、他にもスポーツの分野で活躍するフクロウが見つかる。モスクワ郊外のポドリスクではフクロウがアイスホッケーのギアをつけ、フクロウなのか何なのか分からなくなっている。日本にもある。長野オリンピックのマスコット、スノーレッツだ。四羽の赤ちゃんフクロウをデザインしたもので、ある批評家からはオリンピック史上最悪のマスコットと評された。四羽はそれぞれ青と紫、緑とオレンジ、青と緑、そして紫とオレンジで配色されていた。四羽とも目は明るい黄色で、華奢な肢がなければスポーツ会場より相撲の土俵の上のほうが似合っていただろう。

フクロウは絵を描きやすい単純な形をしているため、エンブレムとしてさまざまな形で利用されている。世界中の国を一つ一つ詳しく見ていけば、スポーツクラブだけでなくナイトクラブやスーパーマーケット、店舗、企業などで起用されているフクロウのエンブレムは文字どおり何百という単位で見つかるだろう。初期に見られたような、示唆に富んだ複雑なフクロウのエンブレムは姿を消し、今では単純で大ざっぱな発想のデザインが商業的に利用されている。今日、人々が尊敬し、保護すべき魅力的な野生の鳥類としてフクロウの立場は向上しているかもしれないが、エンブレムとしては何かが失われてしまったと言わざるを得ない。

第六章

文学におけるフクロウ

最初期の寓話からエドワード・リアやA・A・ミルン、ジェームズ・サーバーの漫画まで、フクロウはさまざまな書物に登場してきた。文学におけるフクロウの初期の登場シーンの一つとしては、紀元前六世紀に書かれたイソップ童話で二度取り上げられている。古代ギリシア時代、奴隷だったイソップは物語の能力に長け、道徳的なことを語るために物語の中に動物を登場させていた。フクロウが初めて登場した物語「フクロウと鳥たち」は、他の鳥たちがフクロウの賢明な忠告を無視する様子を描いたものだ。後になって鳥たちは、間違っていたのは自分たちで、フクロウの言っていたことが正しかったのだと気づき、有り難い忠告を求めて戻ってくるのだが、フクロウは黙して語らず、「二度と彼らに忠告をすることはなく、一人寂しく、彼らの過去の愚かさを嘆く」のだ。

もう一つのフクロウの物語である「フクロウとキリギリス」では、フクロウは日中に眠ろうとするのだが、キリギリスがひっきりなしに鳴くためにうるさくて眠れない。ゆっくりと静かに眠りたいというだけの要求もキリギリスにはねつけられ、フクロウはやむなくある作戦に出る。キリギリスに「きみの歌声がアポロンの竪琴のように美しくて、ぼくは眠れないんだ。本当だよ。だからその間、女神のパラスさまにいただいた甘いジュースを飲むことにしよう。きみも嫌いじゃなければこっちに来て一緒に飲まないかい?」と言うのだ。キリギリスはこの誘いを断ることができず、飛び上がったところをフクロウに捕まり、殺されて食べられ、そしてフクロウはようやく落ち着いて眠ることができたというわけだ。この物語の教訓は、お世辞を言われたからといって尊敬されているとは限らないということである。

この二つの物語をもとに、その後の数世紀でさらにたくさんの話が追加されていく。その中でも初期に当たるものが、インドで詩や散文の形を取って書かれた動物の寓話を集めた『パンチャタントラ』、または『ビドパイの説話集』とも呼ばれる寓話集に収められている。原版は長いこと失われてしまっているのだが、三世紀には書かれていたと考えられている。フクロウの戴冠式の話では、すべての鳥が森の中で一堂に会し、自分たちの王である偉大なる鳥神ガルーダがもはや職務を遂行していないと不平を述べている。ガルーダはヴィシュヌ神に仕えることしか頭になく、自分たちが無視されていると感じるようになった鳥たちは、きちんと面倒を見てくれる新しい王を選ぶことになる。そこで、真面目で賢そうなフクロウがぴったりだということになり、鳥たちはフクロウの戴冠式の準備に取りかかる。葉っぱや花や動物の皮で冠を飾り、若い雌鳥たちにフクロウを称える歌を用意させ、フクロウが晴れの舞台に入場する際に祝祭の音楽を奏でる手筈も整えた。

皆に祝福されながらフクロウは玉座に着き、式が始まるのを待っていると、そこに邪魔が入った。耳障りなカラスが騒々しく鳴きわめきながら玉座の近くに降り立ち、何事かと訊いてきたのだ。新しい王にフクロウを選んだことが間違っていなかったか、実はまだ自信のなかった鳥たちはカラスに助言を求めた。カラスはつまるところ非常に頭のいい鳥だったため、その意見を無視することができなかったのだ。これからフクロウの戴冠式を行なうところだと説明を受けた大きな黒いカラスは、信じられないといった様子で一笑に付した。昼間に目が見えないフクロウに森を支配することなどできないと言って、フクロウを新しい王にするという考えをきっぱりとはねつけたのだ。カラスはさらに、フクロウは我々が目の見えない夜に目が見えるので、闇夜になるとフクロウのなすがままになってしまうという点も指摘した。それにガルーダはこの展開を喜ばないだろうということも忘れずに付け加えた。ガルーダはすでに王として名声を得ていて大きな影響力を持っている以上、そこにまた別の王を立てるなど愚行と言わざるを得ず、唯一の王としてこのままガルーダに任せるほうがよほどましだということだった。

これを聞いて怖気づいた鳥たちは、やはり自分たちの判断は間違っていたのだと思い、みんな黙って引き上げていった。しかし昼間の強い日射しで目が見えないフクロウはそれに気づかない。しばらくしてようやく何かがおかしいと感づき始めたフクロウは、戴冠式がどうして中断してしまったのか知りたがった。そしてカラスが式の流れを混乱させたためにみんな帰ってしまったのだと知らされた。カラスだけがそこに残っていたので、フクロウはカラスのほうを向くと、これから先、自分とカラスは不倶戴天の敵だ、この憎しみは永遠に続くだろうとはっきりと告げた。フクロウはきつくそう言い放つと、怒ってどこかに行ってしまった。残されたカラスは自分のしたことをじっくりと考えてみた。自分は思ったとおりの真実を話したつもりだったが、その結果、欲しくもない生涯の敵を作ってしまった。フクロウにそもそも悪意はなく、カラスはあまりよく考えずに必要のない怒りを引き起こしてしまったのだ。自分の取った行動は愚かだと感じ、衝動的に振る舞ってしまったことをカラスは後悔した。自分の発言は正しかったかもしれないが、あえてそれを伝えたために高くついてしまったのだ。

この古い物語の中でフクロウとカラスがそれぞれ象徴しているものは興味深い。賢いフクロウは能力が限定されているにもかかわらず自惚れが強く、カラスは頭が切れるのだが衝動的で人付き合いというものを知らない。どちらも勝者にはなれなかった。この物語の教訓は、限定された能力しか持たない者は自分の欠点を認めるべきで、賢い者はいくらかの社交性を身につけるべきだということだろう。

十七世紀に入ると、フランスの詩人ラ・フォンテーヌがこうした古い寓話をたくさん集めて自分流にアレンジし、彼自身による新しい寓話もいくつか作っている。「フクロウとワシ」では、この二種の偉大な鳥たちの間で交わされた契約について語られている。かつては不倶戴天の敵同士だったフクロウとワシが、これからはお互いに雛を絶対に襲わないと約束したのだ。唯一の問題は——どうやって互いの雛を判別するかということだった。フクロウはワシに、自分の雛はとてもかわいくて、「形も整っていて、愛くるしいぱっちりした目をしている」からすぐに分かると伝えた。しばらく経ったある日、ワシはフクロウの雛たちのいる巣を見つけ、じっくりと観察した後で、これは「驚くほど汚い小さな怪物」だから友達の雛であるはずがないと判断し、あっという間に平らげてしまった。それを知ったフクロウは怒り、約束を破ったワシは罰を受けるべきだと主張した。しかし、非があるのは自分の雛はかわいいなどとでたらめを言ったフクロウのほうだと反論される。この物語の教訓は、子供はその親にとっては当然かわいく見えるものだが、他人にとっては必ずしもそうではないということである。
十八世紀には、英国の詩人ジョン・ゲイがバトンを引き継いで寓話を作り、一七二七年、『五十一の寓話詩集』を刊行した。その中に、年老いた二羽の気難しいフクロウが、自分たちはもはや古代アテナイに生きた先祖たちのような敬意を受けていないと嘆く話がある。

アテナイの頃は名声を博し、
皆が我々の名を尊んだ
認められ、敬われ、
アテナイの頃は皆からあがめられた
……それなのに今は、ああ！ まったく相手にもされず、
ずうずうしいスズメのほうが偉そうにしている。

フクロウが昔を懐かしんで嘆いているのを耳にしたスズメは、見かけに騙されてはいけないということ、フクロウは賢そうで尊敬できるように見えるけれど実際にそうとは限らないということをみな学んだのだと、年老いた二羽のフクロウに向かって言い放つ。さらに、自分たちが得意とすること、つまりネズミを捕まえることにもっと精を出せば、農夫たちに認められ、見た目のおかげで見せかけの敬意を集めるのではなく、労働によって真の敬意を集めることができるだろうと助言している。
もう一つ、十八世紀の物語で有名なものは、自分のことをハンサムだと思い込んでいて、結婚する

ならワシの娘以外考えられないという自尊心の強い若いフクロウの話だ。そのように触れ回っているフクロウがいると聞いたワシは鼻であしらっていたが、翌日、日の出とともに空の高いところまで会いに来たら承諾してやろうと言った。自惚れた若いフクロウはそうすると答えたものの、その時が来ると、明るい朝の光に目が眩み、頭がぼうっとしてきて真っ逆さまに地面に落ちて岩にぶつかり、フクロウのことをよく思っていなかった昼間の鳥たちに群がられる。この物語の教訓は、能力もないのに野心を持つと恥をかくということである。

十九世紀のロシアには、雑木林の中で藪に引っかかって身動きが取れなくなった盲目のロバの話がある。夜になり、親切なフクロウがロバを安全なところまで案内してくれる。ロバは喜び、これからもどこへ行くにも道先案内をしてほしいとフクロウに頼む。フクロウも快諾し、ロバの背に乗って移動する贅沢を楽しんでいた。しかし太陽が昇ると、フクロウには自分たちの向かっている先がよく見えなくなった。フクロウはロバを間違った方向に案内し、一緒に谷底に落ちてしまう。この寓話でもフクロウの能力は限定されているということが取り上げられていて、教訓としては、何かに秀でているからといって他のことにも優れているとは限らない、ということを伝えている。

フクロウは夜にのみ優れた能力を発揮するという主題は、英国ヴィクトリア朝時代の詩人で、バリー・コーンウォールという名で執筆していたブライアン・ウォラー・プロクター（一七八七―一八七四）も、ずばり「フクロウ」という題名で扱っている。一部抜粋すると、次のようなものだ――

うろのある木、灰色の古い塔に、

カラフトフクロウは住んでいる
日が照る時間はだらしがなく、疎まれ、蔑まれ、
しかし日が暮れると——活動的になる

友と呼べる鳥は森に一羽もなし
日中は皆からあからさまに嘲り笑われ、
しかし夜になり、森が薄暗く静まり返ると、
最も獰猛な鳥でさえもすくみ上がる
ああ、夜の帳が下り、鳥たちがねぐらに帰る頃、
ミミズクが森を支配する!

ああ、月が輝き、犬が吠える頃、
ミミズクの鳴き声が聞こえてくる!
フクロウや、その陰鬱な境遇を嘆くことはない!
フクロウにも活躍の時間帯がある——
明るい日中は囚われていようとも
暗い緑の森の支配者なのだ

だから、夜が訪れて犬が吠える頃、
ミミズクが支配する森でホーと鳴くがいい！
昼間の王が誰かは知らないが、
夜の森を支配するのは勇敢なモリフクロウだ

フクロウをペットとして飼っていた有名人と言えば、パブロ・ピカソぐらいだろうか。ネズミのはびこる納屋にでも住んでいない限りフクロウは家で飼うには適さないので、それも驚くにはあたらない。それにしても、フクロウが人間と親密な関係を築くことは極めて稀である。数少ない例外の一人が、有名な英国の看護師、フローレンス・ナイチンゲールだ。ナイチンゲールは一八五〇年六月にアテネのパルテノン神殿を訪れた。そこにはコキンメフクロウが巣を作っていたのだが、恐ろしいことに一羽の雛がギリシア人の子供たちに苛められているところを、彼女は目撃する。雛は巣から落ちて、明らかに手当が必要な状態にあった。のちによく知られることになるが、手当はフローレンスが得意とする分野だった。彼女は雛を助け、ギリシアの女神に因んでアテナと名づけ、餌もやるようになった。まだ卵から孵ったばかりだった雛は、「ランプを持った貴婦人」との間に稀に見る強い絆を築き、彼女の忠実な友となった。ナイチンゲールの指にとまって餌を食べたり、彼女が籠に入るよう言うとそれに従うほどだった。しばらくすると、ナイチンゲールがどこに行くにもアテナは彼女のポケットに大人しく収まって一緒に行くほど親密になった。やがてアテナは彼女のトレードマークとして有名になり、知らない人があまり近づきすぎると鋭い嘴で攻撃してくることで恐れられるようにも

アテナ。現在は標本となってロンドンのフローレンス・ナイチンゲール博物館に展示されている。

なった。しかし一八五五年、看護師としてクリミア戦争に従軍することになったフローレンスがその準備に追われるようになると、家族はこの小さな鳥をしばらく納屋に住まわせることにした。そうすれば納屋がネズミに荒らされることもなくなると考えたのだ。不幸にも、アテナはあまりにも飼い慣らされていたため、そこでじっとしているばかりで、餌が運ばれてくるのをいつまでも待っていた。しかし何も運ばれてこないので、フローレンスが戦地に赴くという日にとうとう餓死してしまった。

フローレンスはかわいがっていたペットの身に起きたことを知るとひどく取り乱し、出発を二日遅らせた。そしてアテナが専門家の手によって防腐処置を施されるよう、手筈を整えた。アテナの死骸はロンドンの剝製師のもとに送られ、まるで生きているかのような姿勢で丁重に剝製にされた。その後、アテナはフローレンスの家に戻ってきて、反応こそなくなったものの、フローレンスが亡くなる一九一〇

フローレンス・ナイチンゲールとペットのフクロウ、アテナ
（フローレンスの姉が書いた本に収められたスケッチ）。

年までいつもそばにいた。アテナはそれから複数の人の手に渡ったが、二〇〇四年に十分な資金が用意されて買い戻され、ロンドンの聖トマス病院にあるフローレンス・ナイチンゲール博物館に常設展示され、今に至っている。

一八五五年にフローレンスの姉であるレディ・ヴァーニーが妹への贈りものとして個人出版した『アテナの生と死　パルテノンからやってきた小さなフクロウ』は、フクロウを題材にした十九世紀の文学作品の中で最も風変りなものの一つであることは間違いない[1]。薄い本が一冊、クリミア戦争の前線にいたフローレンスのもとに送られ、ひどい熱に苦しんでいた彼女を元気づけた。姉の話では、フローレンスが出発を遅らせている目まぐるしい一週間に涙を流したのは、死んだアテナの小さな体をその手に受けとめた時だけだったという。「かわいそうに、こんな小さな体で……」と彼女は言ったという。「大好きだったのよ」

他の動物たちと一緒にネズミの話を聞くフクロウ。ジョン・テニエルが『不思議の国のアリス』（1865年）に描いた挿絵より。

一八六五年にルイス・キャロルの『不思議の国のアリス』が出版された時、これだけたくさん動物が出てくる物語であれば、フクロウはさぞかし特別な役割を担っていることだろうと期待した人も多かったかもしれない。しかし悲しいことに、ジョン・テニエルの手になる古典的な挿画の一つに一度出てきたのみである。[2] 台詞もない。びしょ濡れになった連中に向かってネズミがいっぱしの顔をして無味乾燥な話をしている様子を描いた挿絵の中に、目をぎゅっと閉じて退屈そうにしているフクロウが描かれているのだ。ここでアリスが、自分の飼っている猫は鳥なんかあっという間に捕まえてしまうとうっかり口にしてしまったばかりに、居合わせた鳥たちは何かしら言い訳をしながら去っていくのだが、不思議の国のフクロウを見ることができるのはこの時だけだ。

「フクロウと仔猫」。エドワード・リアが自身のナンセンス詩に添えた絵（1871 年）。

同じく十九世紀には、エドワード・リアのナンセンス詩がその奇抜な魅力で大人気を博す。彼の詩はその名声にふさわしく、最後まで読んでも何の教訓もなく、まさにナンセンスそのものだ。彼が最初に作ったナンセンスな歌（一八六七）は「フクロウと仔猫」と題され、これまでにはなかった類のフクロウを登場させている。邪悪でもなければ賢くもなく、尊大でもなければ自惚れてもいなくて、リアの作り出したフクロウは伝統的な性格をほとんど備えていない。最初の部分を紹介すると——

フクロウと仔猫が海に出かけた
薄い緑色のきれいな小舟に乗って
蜂蜜を少しとお金をたっぷり
五ポンド紙幣に包んで
フクロウは星を見上げ
小さなギターを弾きながら歌う
「ああ、かわいい仔猫ちゃん！　ああ、なんてかわいいぼくの恋人
とてもきれいな仔猫ちゃん

「ひげの中のフクロウ」(1846年)。エドワード・リア(1812—88年)のスケッチ。

きみは
とても
とってもかわいい仔猫ちゃん!

この後、フクロウと仔猫は結婚し、おいしいごちそうを食べ、ともに夜行性で肉食の両者は、月明かりの中、最後にダンスを踊る。教訓もなければ、生物学的にも神話的にもフクロウの特徴に言及した部分もない。これは作者本人も認めているようにナンセンスな詩で、友人の娘で病に伏せっていたジャネット・シモンズを楽しませることのみを目的として書かれたものだ。にもかかわらず、リアの書いたフクロウはフィクションに出てくるフクロウの中では最も有名なものの一つとなった。

エドワード・リアがフクロウを好んでいたことは、彼が描いた絵やスケッチの中に何度も登場していることからも明らかだ。もう一つ有名な例は、彼が一八四六年に自分の顎ひげをモチーフに描いた漫画である。リアはもじゃもじゃのひげを生やしていて、あまりにもじゃもじゃなので、よく見るとその中に鳥が巣を作っているのが分かるだろうと言って子供たちを楽し

くまのプーさんは物知りのフクロウからアドバイスを受ける。E. H. シェパードが描いた『くまのプーさん』（A. A. ミルン、1926年）の挿絵。

ませていた。そのイラストに添えて、次のような詩が書かれている。

やっぱりそうか！
二羽のフクロウと一羽の雌鶏、
ヒバリが四羽にミソサザイが一羽、
わたしのひげの中に巣を作っていたのだ！

世界中で愛されている児童書、A・A・ミルンの『くまのプーさん』（一九二六）には自分の名前を「クフロウ」と書く一羽のフクロウが登場するが、これは明らかに賢明なアテーナーのフクロウの末裔だ。クフロウの性格として、魔術や凶運といった不気味さを思わせる部分はまったく見当たらない。優しくて皆から尊敬されていて、「実に美しく、他の誰の家よりも立派な古風な邸宅」である木のうろに住み、玄関には贅沢にもノッカーと鈴ひもの両方がついている。親切で物知りで、何か難題が持ち上がると相談され、長くて難しい言葉を使って思慮深い助言をする。あまりに難しい言葉を使うため、熊にはとても理解できない。それでもクフロウとしてはよかれと思ってしていることで、フクロウは博識で頼りになって、ちょっとおじいちゃんみたいな存在だということを幼い読者たちはここで初めて知ることとなる。

アメリカのユーモア作家ジェームズ・サーバーは子供が描いたような大胆な描画で有名で、自分の作品に挿絵を描いている。そののびのびとした絵は、技術を磨こうとすれば失ってしまっていたはずの魅力を持っている。一度そうしようとした時、「上手くなれば平凡になってしまう」と友人に忠告されたという。彼の描いた有名なフクロウの絵は、決して平凡になってはいない。「フクロウ、神なるもの」と題され、いかにもサーバーらしい奇想天外な寓話の挿絵として描かれたものだ。三世紀に編まれた『パンチャタントラ』に収録されていた「フクロウの戴冠式」を下敷きにしたものと言えるが、サーバーは独特の調子を加えている。要約すると次のような話だ。

星が一つもないある夜のこと、二匹のモグラのところに一羽のフクロウがやって来た。こんな漆黒の闇の中でも自分たちの居場所が分かったことに驚いたモグラは慌てふためき、フクロウがどれだけ賢いかということを他の動物たちに話した。ヘビクイワシは本当かどうか試してみようと、フクロウに「つまり」の同義語を訊ねた。フクロウは「すなわち」と答えた。「恋人はどうして相手に言い寄るか?」と訊ねると、「結婚したいから」とフクロウは答えた。ヘビクイワシはフクロウの幅広い知識にひどく感心し、他の動物たちにそのことを伝えた。フクロウはきっと神に違いないと皆は思い、フクロウがどこに行くにもついていくようになった。真昼になり、フクロウがハイウェイに飛び出していっても、皆ついて行った。フクロウは明るい日の光の下では目が見えないので、トラックが近づいてきたことに気がつかず、信じやすい他の皆と一緒に轢かれて死んでしまった。

いかにもサーバーらしい風変わりなこの物語の教訓は、「大勢を騙すことはいつでも可能だ」というものである。

二十一世紀の文学において、物語の展開上、重要な役割を担うものとしてフクロウを取り上げた唯一の作家はJ・K・ローリングだ。大ヒットとなった彼女の作品は幾分使い古された感のある魔法に再びスポットを当てたもので、一九九七年から二〇〇七年に刊行されたこの「ハリー・ポッター」シリーズでは、魔法の世界と「マグル」の世界を結ぶメッセンジャー役として数種類のフクロウが登場する。ハリー・ポッター自身もヘドウィグという雌のシロフクロウを飼っている。小説をもとに制作された映画では、ヘドウィグを演じているのはギズモ、キャスパー、ウープス、スウープス、オッオー、エルモ、そしてバンディッドという七羽の雄のフクロウだ。すべて雄なのは、シロフクロウは雌に比べて雄のほうが体が小さく、幼い俳優には扱いやすいという理由からである。七羽も使われたのは、フクロウもプロになるとオフが必要で、代役が頻繁に必要になってくるからだろう。ハリーの友達のロンはピッグウィジョンというスズメフクロウを飼っていて、略してピッグと呼んでいた。他にも、マルフォイ家が飼っている大きなワシミミズクや、ウィーズリー家が飼っていた年老いた雄のカラフトフクロウのエロールなど、この作品にはたくさんのフクロウが登場する。エロールはとても不器用で、どこかにとまろうとするたびに何かにぶつかる。激しくぶつかるようなシーンの撮影にはスタントとして模型が使われたはずだ。

こうした美しいフクロウが、魔女や呪いといったもう何世紀も前に消滅したはずの迷信や超自然の世界に再び引きずり出されたのは恥ずべきことだと言うのは簡単だが、「ハリー・ポッター」に関して言えば、純粋に子供向けのファンタジーとして読まれるべきものであって、何も真剣に捉える必要はない。つまり、問題視するようなことではないのだ。それに、最近はどのハリウッド映画でもエンドロールで断っているように、動物が怪我をするような撮影方法は取っていない。

第七章　部族にとってのフクロウ

世界中を見渡せば、フクロウに関して各部族に固有の伝説や迷信が見つかる。二十一世紀に入ってなお語り継がれている物語の数々だ。そうした部族の中には、未だに伝統的な生活様式にこだわっているところもあるが、もっと現代的な生活様式に順応しているようなところでも、賢いフクロウや魔女のフクロウに関する古い物語は今も語り継がれている。

現代のヨーロッパでは、古い部族はとうの昔に大きな国家に取り込まれてしまっているが、それでも市街地から離れた農村地帯に行くと、フクロウに関する神話や、ほとんど中世のような様式のまま執り行なわれている儀式に出会う。古い信仰が消滅することを頑なに拒んでいるのだ。たとえばトランシルバニア地方には、農夫たちは裸で田畑を歩き回るとフクロウを追い払うことができると信じているところがある。ウェールズでは、住宅地でフクロウが鳴くと未婚の女性が処女を失ったことを知らせているのだと言われている。ロシアでは、フクロウの鉤爪をかたどった幸運のお守りを持ち歩いている狩人もいる。そうすると、万が一、命を落とした場合でも魂はその鉤爪を使って天国に行くことができるとされているのだ。ポーランドでは、既婚女性が死ぬとフクロウになると言われている。フランスでは、妊娠中の女性がフクロウの鳴き声を聞くと、生まれてくる子は女の子だと言われている。同じくフランスのボルドー地方では、フクロウに呪われないようにするには火に塩を投げ入れなくてはいけない。一方、ブルターニュ地方では収穫の時期にフクロウを目撃すると、その年は豊作だと言われている。ドイツでは、子供が生まれる時にフクロウが鳴くと、その子は不幸な人生を送ることになる。アイルランドでは、フクロウが家の中に入ってくると捕まえて殺さなくてはいけない。さもないと、そのフクロウが出ていく時に家の中の幸運を持ち去ってしまうからだ。スペインでは、フクロウはイエスが十字架《クロス》の上で死んでいくのを見るまでは甘い声で歌うように鳴いていたが、それ以降はクルス・クルス（クロス・クロス）としか鳴かなくなったという伝説がある。

他にも各国について丁寧に調べていけば、フクロウに関して現存する迷信の例は何ページあっても足りないほど集まるだろう。もちろん、ヨーロッパの都市部に住む人たちはこうした迷信を笑うかもしれないが、地方に住む者なら、現在でも一つや二つは耳にしたことがあるはずだ。たいていの人はあざ笑うだろうし、迷信にはもとになった事実が実際にあるのだと言っても真に受けてもらえないかもしれないが、たとえ想像上のナンセンスだと受け止められたとしても、それを信じる人々が語り継いできたからこそ、各地の民話として今も生き残っているのだ。

ヨーロッパでは古い神話や伝説は単なるおとぎ話のレベルにまで格下げされてしまっているが、世界の他の地域では、フクロウにまつわる物語は今も真剣に受け止められ、特に部族の居住地域が大部分を占めるアフリカ大陸ではその傾向が強い。

アフリカのフクロウ

アフリカの部族に伝わる神話の中でフクロウはあまり好遇されているとは言えないようで、基本的には邪悪な存在とみなされている。多くの地域でフクロウは魔術と結びつけられていて、可能な限り殺されている。西アフリカでフクロウを表わす標準的なピジン語は、「魔法使いの鳥」という意味の言葉だ。カメルーンのある地区では、フクロウはあまりに邪悪な存在と考えられているために名前すら与えられておらず、「人を脅かす鳥」とのみ呼ばれている。また、ナイジェリアの一部の地域には、魔女は夜になるとフクロウに変身するという言い伝えがある。

ジンバブエで魔女の鳥とされているのはメンフクロウだ。地元の鳥類学者にどうしてこの種が選ばれたのかと訊くと、「白いからです」という答えが返ってきた。メンフクロウは凶運のしると考えられていて、見つけ次第、殺されている。地元の呪術医は殺されたフクロウの嘴と鉤爪を使って、危害を加える際に使う強力な薬を作っている。ナミビアのバロツェ族は、フクロウがいるというだけで病がもたらされると信じている。そのため村ではフクロウを見つけ次第、撃ち殺している。ケニアのキクユ族は、フクロウが現われると誰かが死ぬと信じている。

このように、アフリカでフクロウに対して否定的な態度が取られていることで、コンゴニセメンフクロウなど希少種を保護しようという西側の試みにも混乱が生じている。文化面に明るくない保護論者たちは地元の迷信に理解を示すことができず、こうした絶滅危惧種に対する効果的な保護手段をなかなか取れずにいるのだ。

しかし、闇をものともしないフクロウの視力はアフリカの呪術医に強い印象を与え、夜目が効くようになると言って狩人や戦士たちにフクロウの目を食べることを薦めていたほどである。

コンゴ民主共和国のクバ族の間では、特別な日の被りものの種類でそれぞれの立場や地位が示される。部族長たちの被りものは羽で飾られている。日中の最強の鳥はワシとされているため、最も高位の者はワシの羽をつけた長と呼ばれ、その次に重要な役職である青年の長は、森と夜の支配者とみなされているフクロウの羽をつける。クバ族はさらに、大きな目に鋭く尖った嘴、そしてぴんと立った短い羽角を持ち、表情に富んだフクロウの仮面を作る習慣もある。

同じくコンゴのソンゲ族も、特別な儀式に際して非常に印象的なフクロウの仮面を彫る。はっきりとした黒と白に塗り分けられ、上を向いてひん曲がった奇妙な口が特徴的だ。非常に重く、かぶると視野が狭くなり、それをつけて踊る者は、大きな丸い目の下の細い切れ込みから外を見るしかない。

アンゴラのチョクウェ族の間では、フクロウは野生の中で広範囲にわたる知識を身につけた賢い生き物とみなされている。先祖は人間の体にフクロウの頭を持っていたとされ、将来の世代の面倒を見

「フクロウと子供」（アンゴラのチョクウェ族、20世紀、木彫り）。チョクウェ族の間では、フクロウは野生生活の中で広範囲にわたる知識を身につけた賢い存在とみなされている。この彫刻は、先祖たちの霊が将来の世代を守るということを表わしている。

キフェベ（フクロウの仮面、コンゴのソンゲ族）

てくれる守護神として描かれることもある。

アジアのフクロウ

他の多くの地域同様、アジアにもよいフクロウと悪いフクロウが存在する。アジアでよく知られている神話では、フクロウは新生児や怪我をした子供を食べるとされている。この信仰が一番根強く残っているのがマレーシアで、フクロウは「ブルン・ハントゥ」と呼ばれている。幽霊鳥という意味だ。中国や朝鮮半島では、フクロウに対してもっと実際的な手段が取られている。殺され、各部位が医薬品として調合されているのだ。さらに北に行ってモンゴルでは、フクロウは夜の間に家に入ってきて人間の指の爪を集めていると言われている。家の中をきれいにしてくれるよいフクロウなのか、それとも爪の持ち主だった人間の魂の一部を持ち去る悪いフクロウなのかは、はっきりしていない。モンゴルで埋葬の儀式に携わる者はフクロウの皮を吊って邪気を払うということだが、これもフクロウの皮に悪霊を祓うよい精霊が含まれているからなのか、それとも悪が悪を退治すると考えられているからなのか、やはり定かでない。

よいフクロウとしては、アジアの一部の地域ではフクロウは聖なる祖先として敬われていて、飢饉や流行病を防ぐとされている。インドネシアのスラウェシ島（セレベス島）では、旅に出る時には賢いフクロウに相談しなければならないと言う島民もいる。旅に出るならまずはフクロウに訊けというのだ。フクロウは夜になると二種類の鳴き声で鳴く。そのうちの一方が旅を薦める場合の鳴き声で、もう一方が家にいたほうがいいと言う場合の鳴き声らしい。この警告は真剣に受け止められる。フクロウが家にいたほうがいいと鳴いた場合、旅が実現することはない。

オーストラリアのフクロウ

オーストラリアのアボリジニの間に伝わる部族神話においてフクロウは特に重要な役割を担っているわけではないが、言及された場合、ここでもやはり、悪いフクロウとよいフクロウとの間でお決まりの矛盾が生じている。邪悪なフクロウとしては、子供を食べて人々を殺す邪悪な神ミュールプの使いとされている。世界の他の多くの地域で見られるように、家の周囲にフクロウが侵入して何日間か飛び回っていると誰かが死ぬという迷信もある。よいフクロウとしては、フクロウは女性の魂の権化だとか、フクロウは女性の魂を守るといった信仰がある。そのため女性は、女性としての仲間を守るようにフクロウを守ることを求められている。「あなたの姉妹はフクロウで、フクロウはあなたの姉妹なのだから」フクロウは聖なる鳥なのだと言う専門家もいるほどだ。（ちなみに男性の魂の権化はコウモリだという。）

アメリカ・インディアンのフクロウ

厳しい表情をした木彫りのフクロウが怒ったような顔で見下ろしている巨大なトーテムポールの存在はよく知られているが、北米の部族民と夜行性の肉食鳥は、実際のところどのような関係にあるのだろう。多くの部族には、超自然的な存在であるフクロウにまつわる複雑な伝説があり、フクロウと死を結びつけていることが多い。とはいえ必ずしも否定的な意味合いとは限らない。むしろ、生者と死者の結びつきを実り多きものにする際に役立つ存在として認識しているようだ。ネイティブ・アメリカンの部族にはたいていシャーマン、つまり呪術医がいるが、その役割の一環として、死者と交信する際に彼らはフクロウに協力を求めることがある。実際、フクロウは「魔術師の鳥」とも呼ばれている。

フクロウのトーテムポール（北米太平洋岸北西地区）

具体的な例を挙げると、ピマ族の間では、生きているフクロウから引き抜いた羽を息を引き取ろうとしている者に握らせると、来世までの長い道のりをそのフクロウが無事に案内してくれると言われている。他の部族でも、フクロウの羽はしばしば魔術的なお守りとして使われている。ナバホ族の間では、死後、人間の魂は実際にフクロウに変身すると言われている。これ

賢いメッセンジャーとしてのフクロウ（クワキウトル族の伝説より、20世紀、彫刻、アカスギ、杉縄、樹皮、北バンクーバー島のウォリー・バーナード）

ハート型の木彫りの置物（北米太平洋岸北西地区）。最近亡くなった人の魂を表わすフクロウが中に入っている。

は北米太平洋岸北西地区のツィムシアン族の間に伝わるものと同じだ。男性の踊り手が火の中に投げ込まれ、体が炎に焼き尽くされたかと思われるような創意に富んだダンスをする。この後、男性は頭蓋骨を模したような仮面をかぶって、しかし心臓は無傷だと誇示しながら現われる。この心臓というのは彫り物が施された木製の箱で、踊っている間は着衣の中に巧みに隠されていて、それを手品のように取り出し、開けると生還を果たした男性の魂を象徴する小さなフクロウが中に座っているという仕掛けになっている[1]。

ネイティブ・アメリカンの各部族は、フクロウと死のつながりを非常に強いものとして認識していたため、フクロウに対してどうしても矛盾した態度を取る結果となった。死について有益な警告を授けてくれる存在としてフクロウを見る部族がある一方で、実際に死をもたらす邪悪な使者とみなす部族もある。このように、前提は同じでも、フクロウに敬意を表すことになる部族と、フクロウを嫌悪することになる部族に分かれる。フクロウに敬意を表した部族であるポーニー族は、フクロウを守護の象徴とみなしていた。ヤカマ族にとっては崇拝の対象だった。ユピック族は特別な行事を行なう際にフクロウの仮面をかぶり、フクロウのことは頼りになる精霊だと考えていた。チェロキー族は、予言的な知らせを運ぶフクロウはシャーマンにとって頼りになる補佐役と考えていた。レナペ族はフクロウの夢を見るとフクロウは夢を見た人の守り神になると信じていた。トリンギット族は、フクロウは迫りくる危険を知らせてくれると信じていた。また、勝利をもたらしてくれる存在であるとも信じていたので、戦士たちはフクロウの鳴き声のような雄たけびを上げながら戦場に赴いた。オグララ族の戦士たちは勇敢さを示すためにシロフクロウの羽で作った被りものをつけた。スー族はフクロウの羽を身に着けると確かな鋭い視野を手に入れられると信じていた。ズーニー族はフクロウの羽を赤ん坊の隣に置いて眠りにつかせた。ラコタ族の呪術医はフクロウの羽を身にまとい、自分たちが不思議な力を失ったとしてもフクロウを傷つけることは決してないと誓っていた。モハベ族は死後、フクロウに生まれ変わった。クワキウトル族はフクロウの仮面を持ち、人間は一人ひとりがそれぞれ特定のフクロウと関係があって、半身であるフクロウが殺されるとその人も死ぬと考えていた。

フクロウを嫌悪する部族としては、ホピ族はフクロウを凶運の前兆としていた。アパッチ族はフクロウを恐れ、フクロウの夢を見るのは死期が迫っている証拠だと信じていた。ケイジャン族は、フクロウの鳴き声で目が覚めると悪いことが起こると信じていた。オジブウェー族はフクロウを邪悪と死の象徴とみなしていた。他にもカド族、カトーバ族、チョクトー族、クリーク族、メノミニ族、セミノール族などがフクロウを凶兆とみなし、死が迫っているしるしとして魔女と結びつけていた。

「5羽のフクロウ」（クーナ族、20世紀後半、逆アップリケの刺繍、パナマ・サンブラス地峡）

それでもやはり、フクロウが相反する性質を備えていることは明白である。夜間に行動し、奇妙で不気味な鳴き声をあげるために亡霊のような鳥とされ、そこから部族内の語り部の手により、やがて誇張されて吉兆を表わす親しみやすい亡霊となったり、害をもたらす邪悪な亡霊となったりしている。子供の頃にどちらの象徴に出会い、親しみ、大人になってどちらをより身をもって知ることになるかは、どの部族に生まれるか、ただその一点にのみよる。しかし一つだけ確かなことがある——北米のネイティブ・アメリカンたちがフクロウの精霊にまったく無頓着であることはないに等しかったということだ。

新世界の部族で、心がざわつくような意味をフクロウに持たせることなく、魅力的な鳥としてあくまでフクロウをフクロウとして捉えている例は、中央アメリカに位置するパナマなどに見られる。北岸沖のサンブラス地峡の小さな島々に住むクーナ族は、地元のフクロウを含むたくさんの種類の鳥に魅せられている。男

ヤシの葉の繊維を編んで作ったフクロウの仮面（ウォウナーン族、パナマ）

「枝にとまるフクロウ」（モリータ、布のアップリケ、ウォウナーン族）

性と違って現代でも部族に伝わる伝統的な服装にこだわる女性の衣装には、フクロウやその他たくさんの動物のデザインがあしらわれている。モラという胸につける装飾的なアップリケは逆アップリケで作られるのだが、細かい針仕事が必要なため、一つを作るのにだいたい二五〇時間を要する。最近は部族芸術として貴重なものとなっている。

パナマには十五種類のフクロウが生息しているが、一つとして猫のようなひげを生やしたものはない。しかしクーナ族の芸術家がフクロウを正面から描くと、どうしてもひげを生やしたくなるようだ。猫のような顔の人間もあれば、猫のような顔の鳥もあり、頬のひげにとどまらない。これらのフクロウに関して、本来の鋭く尖った嘴はぼんやりとした鼻のようになり、両方の目にはまつ毛（もしくは眉毛）が生やされ、口は横に長く、歯を生やし、唇が大きく描かれる。実際、これらは猫のようにも人間のようにも見えるフクロウで、古くから彼らの文化に息づいているかわいらしい素朴なキャラクターだ――クーナ族の手による最も魅力的な作品の一つである。突き出た羽角があることから、デザインのもとになっている種がミミズクだということが分かる。もう一度確認するが、これらはフクロウの見た目のかわいらしさを取り上げたもので、伝説や神話や象徴といった重荷からは解放されている。

パナマ本土の熱帯雨林地方、クーナ族の居住地からそれほど離れていないダリエン地方には、同じく少数民族であるウォウナーン族が今も暮らしている。彼らは籠を編む技術に長けていて、部族の女性たちが何百年もかけて芸術の域にまで洗練させてきた。クーナ族の作品同様、ウォウナーン族のものも最近では海外にも知られるようになり、今ではコレクターズ・アイテムとなっている。同じ技法で仮面を作ることもあるが、その時もモチーフとされるのはやはりミミズクだ。一つの仮面に数千もの細かい編み目があり、複雑な色のパターンが施される。この芸術作品を作るには五つの工程がある――まず、繊維の材料となるヤシの葉を探し、使えるものを選別し、切る。これは一年の中でも一定の時期になされ、使われるヤシの葉も二種類、ブラックパームとナバラパームに限られる。次に、乾燥させ、色を抜き、葉を剝いで繊維を取る。そして植物染料を集めて繊維に色をつけ、染色を繰り返す。それから仮面の複雑なデザインを決め、最後に繊維を編んで仕上げる。この最後の工程だけで数週間を要する。

もう少し手軽な創作として、ウォウナーン族の女性はモリータと呼ばれる小さな布のアップリケの制作を楽しんでいる。ここでもフクロウはモチーフとして好まれている。クーナ族同様、ウォウナーン族もフクロウを単にデザインのモチーフとして用いているだけで、神話や象徴を主張するものではなさそうだ。クーナ族の描くフクロウもそうだが、ウォウナーン族のフクロウからも魔術や魔女といった思想がすっかり拭い去られていて、そのためだろうか、他の部族の文化で見られるフクロウの絵などに比べるとより装飾的で温かい魅力を感じる。

イヌイットのフクロウ

厳密に言えば北米ネイティブ・アメリカンの一部族ということになるのだが、イヌイットは個別に

「魔法にかけられたフクロウ」（ケノジュアク・アシェヴァク、ストーンカット刷り、1971 年）

項目を設けるのが適当だろう。今日、他のどの民族集団よりも頻繁にフクロウを題材に芸術作品を作っているためだ。イヌイットのアーティストの中で最も有名なのはケノジュアク・アシェヴァクで、彼女の手によるストーンカット刷りのフクロウはあまりに有名になって、一九七〇年にはカナダ郵便局がノースウェスト準州の連邦加入一〇〇周年を記念して、彼女が一九六〇年に制作した「魔法にかけられたフクロウ」を六セント切手のデザインに使用している。この絵で注目すべきは、インパクトをもたせるためにケノジュアクが取ったフクロウの羽を強調する方法だ。このようにデフォルメした理由を問われた彼女は、「暗いイメージを払拭するため」と答えている。

何年にもわたって、フクロウはケノジュアクの絵のモチーフとなっている。彼女の作品をテーマにしたある専門書では、掲載された百六十一のイラストのうち八十九がフクロウの絵である。[2] 彼女はフクロウをしばしば「精霊鳥」と呼んでいて、カモメなど他の鳥と合体させるこ

郵 便 は が き

おそれいりますが切手をおはりください。

101-0052

東京都千代田区神田小川町3-24

白 水 社 行

購読申込書

■ご注文の書籍はご指定の書店にお届けします。なお，直送をご希望の場合は冊数に関係なく送料300円をご負担願います。

書　　名	本体価格	部　数

★価格は税抜きです

(ふりがな)

お 名 前　　(Tel.　　)

ご 住 所　(〒　　)

ご指定書店名（必ずご記入ください） Tel.	取 次	（この欄は小社で記入いたします）

『フクロウ［新装版］』について (9692)

■その他小社出版物についてのご意見・ご感想もお書きください。

■あなたのコメントを広告やホームページ等で紹介してもよろしいですか？
1. はい（お名前は掲載しません。紹介させていただいた方には粗品を進呈します） 2. いいえ

ご住所	〒 電話（ ）		
（ふりがな）お名前	（ 歳） 1. 男 2. 女		
ご職業または学校名		お求めの書店名	

■この本を何でお知りになりましたか？
新聞広告（朝日・毎日・読売・日経・他〈 〉）
雑誌広告（雑誌名 ）
書評（新聞または雑誌名 ） 4.《白水社の本棚》を見て
店頭で見て 6. 白水社のホームページを見て 7. その他（ ）

■お買い求めの動機は？
著者・翻訳者に関心があるので 2. タイトルに引かれて 3. 帯の文章を読んで
広告を見て 5. 装丁が良かったので 6. その他（ ）

■出版案内ご入用の方はご希望のものに印をおつけください。
白水社ブックカタログ 2. 新書カタログ 3. 辞典・語学書カタログ
パブリッシャーズ・レビュー《白水社の本棚》（新刊案内／1・4・7・10月刊）

「精霊としてのフクロウ」（ケノジュアク・アシェヴァク、ストーンカット刷り、1971年）

「太陽のフクロウ」（ケノジュアク・アシェヴァク、リトグラフ、1979年）

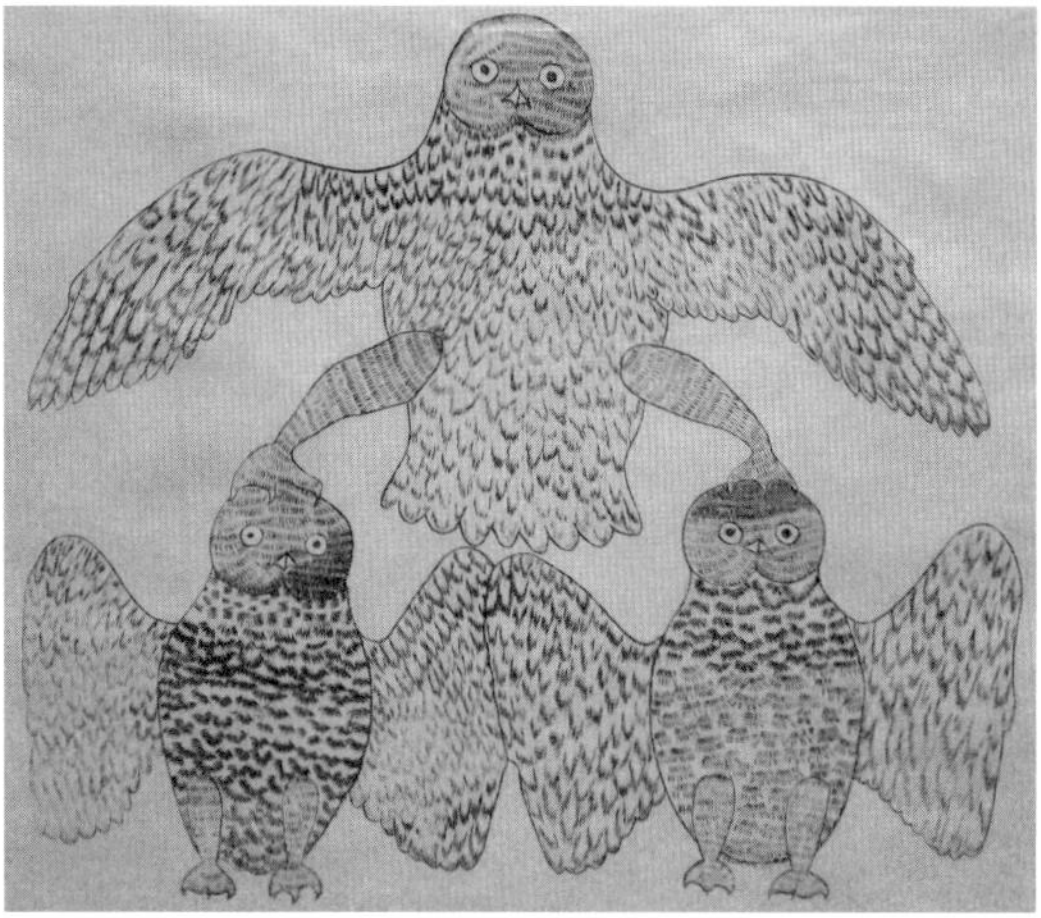

「3羽のフクロウ」(イヨラ・キングワトシアク、エッチング、1966年)

ともある。しかしその場合もあくまでも中心的な素材はフクロウで、フクロウの羽の部分が他の鳥の頭になっていたりする。頭の後ろから二股に分かれた魚の尻尾が生えているものもある。「太陽のフクロウ」と題された絵では、フクロウの丸い頭が太陽になっていて、放射状に広がる羽で太陽の光を表わしている。

フクロウと太陽を合体させたことは、フクロウの象徴としては非常に独特と言える。彼女の見たフクロウはシロフクロウだったということは言うまでもない。シロフクロウは他のフクロウと違って日中に狩りを行ない、太陽を嫌わない。北極圏に行ったことがある方はお分かりだろうが、「北極地方における太陽の出現はエスキモーの人たちにとってあまりにも感動的で、いつまでも見入ってしまうもの」なのだ(3)。つまりケノジュアクは、太陽と結びつけることでフクロウを感動の対象にまで引き上げたのだ。

一九二七年にイグルーの中で生まれたケノジュアクは、自分の作品が本国で高く評価されるのを目の当たりにし、二〇〇一年にはカナダのウォーク・オブ・フェイムにも名を連ねている。二〇〇四年にはイヌイットによるデザインとしては初となるステンドグラスを制作し、これはオンタリオ州のオークヴィル市にあるアップルビー・カレッジのジョン・ベル礼拝堂で見ることができる。一九六四年に彼女の作品をテーマに制作されたドキュメンタリー映画はアカデミー賞候補にも選ばれた。

彼女より年長で一九一五年生まれのイヌイットのアーティストであるルーシーも、印象深いフクロウの作品を残している。中でも生き生きとしているのは「踊る鳥」と題された一九六七年の作品だ。男性のイヌイットアーティスト、イヨラ・キングワトシアク（一九三三―二〇〇〇）が描いたフクロウは少々ぎこちなくて控えめで、「三羽のフクロウ」（一九六六）は奇妙にも、一羽のフクロウが両方の鉤爪でそれぞれ別のフクロウの頭を摑んでいる。

世界中の部族民たちにとってフクロウが特に重要な存在だとしても、それは驚くことではない。部族民たちは狭い居住区に住んでいて、そこでは都市や町よりも自由にフクロウと出会うはずだ。鳴き声も頻繁に聞こえるだろうし、夕暮れの空を音も立てずに飛び回っている姿も頻繁に目撃されるに違いない。騒がしい都市部では、さまざまな機械が立てる不快な音やぎらぎらと光る人工的な光のせいで、かつては不気味な隣人だったフクロウを今ではあまり見かけなくなり、もはや遠い記憶の中の存在になってしまったのである。

第八章　フクロウと芸術家

フクロウをモチーフにした絵は、他のどの鳥を描いたものよりも多いはずだ。形を取るのが簡単なので、皆デッサンしたり絵を描いたり、モデルにしたり彫刻を作ったりしたくなるのだろう。センチメンタルなフクロウや、漫画のようなフクロウ、キッチュなフクロウ、気取ったフクロウ、おどけたフクロウなど、さまざまなタッチのフクロウが存在する。デッサンや絵画や彫刻だけでなく、フクロウのモチーフは家に飾る置物などさまざまな場面で使用され、フクロウに関する本もたくさん書かれていて、収集家にとっては価値ある品となっている。

現代のフクロウは、つまらない装身具にされるという屈辱的な待遇を受けている。フクロウのキーホルダーや、フクロウのペーパーウェイト、フクロウのオーブン用耐熱手袋に、フクロウの栓抜き、フクロウの貯金箱、フクロウの灰皿、フクロウのトランプ、フクロウの哺乳瓶、フクロウのティーポット、フクロウのインクスタンド、などなど、たいていの装飾的製品にフクロウがあしらわれている。さらに紙幣や硬貨、メダル、テレフォンカード、マッチ箱、数えきれないほどのポスターや広告などにもフクロウは登場する。タトゥーが流行れば、フクロウは人間の肌の上にさえ舞い降りてきてそのまま永遠に住みつく。

翼を広げたフクロウ（20 世紀、真鍮、ヨルダンのアカバ市）

フクロウの切手（アメリカ、マーシャル諸島）

リンゼイ・トレリスの腕に彫られたフクロウのタトゥー（ロンドン、フリス・ストリートのクラウディアによる）。

モニカ・カークの「オイレンヴェルト」の一部。1950 もの工芸品の数々が展示されている。

切手収集の世界では、フクロウは全世界に生息している。ニュージーランド人のマイク・ダガンはフクロウがデザインされている切手ならすべて手に入れたいという熱心な収集家で、とてつもない枚数の切手を所有するに至ったが、現在、世界一九二か国で発行された一二二四種類もの切手を売りに出している。たいていの国では何種類かの切手にフクロウのデザインを使用しているだけだが、中にはフクロウによほど目がないのだなと思われるところもあって、アンゴラでは少なくとも三十種類、コートジボワールでは三十二種類、ギニアビサウでは三十三種類、ベナンでは四十三種類、コンゴでは四十四種類が発行されている。

　フクロウの工芸品を収集し始めるとしばしば収拾がつかなくなることがあるようだ。一九七八年、休暇でギリシアを訪れたモニカ・カークは、おみやげに小さなフクロウのペンダントを購入した。それから三十年後、彼女の手元には少なくとも一九五〇ものフクロウがあり、ロケット、ブローチ、指輪、イヤリングなど二五〇の宝石類を含むフクロウの世界《オイレンヴェルト》を家の中で展示している。

　フクロウの工芸品は抗い難い魅力を持ってはいるものの、収集品としては地味なものであることが多い。だが、これにも少数の例外がある。巨匠と呼ばれた芸術家たちがフクロウに魅せられ、折に触れて素晴らしい作品を残しているのだ。印象的なフクロウを遺した偉大な画家と言えば、ボス、デューラー、ミケランジェロ、ゴヤ、ピカソなどが挙げられる。

ヒエロニムス・ボス（一四五〇―一五一六）

ヒエロニムス・ボスは西洋の偉大な画家の中でも間違いなく最もダークな想像力を駆使した芸術家の一人だが、作品に何度もフクロウを登場させ、そのほとんどに象徴的な意味を持たせている。そうした初期の作品の一つに、扉の上の隙間から覗き見をするフクロウが登場する。一四七〇年代か八〇年代に完成させた〈七つの大罪〉のうちの一枚である「大食」と呼ばれる暴飲暴食の場面を描いた作品である。人々が好き放題に食べたり飲んだりしているところを、落ち着き払ったフクロウが見下ろしているのだ。フランスのある美術史家によると、この「見つめるフクロウは、信仰の光よりも罪や異端といった闇を好む者を象徴している」という[1]。

他の初期の作品でも、同じように人間が放蕩の限りを尽くし、混沌としている場面をフクロウが眺めているという構図を描いたものがある。「阿呆船」では、一人の修道士と二人の尼僧が農夫たちと一緒になって酔っぱらって戯れている様子が描かれている。彼らの乗る小舟のマストが木になっていて、そこから伸びる枝に不機嫌そうなフクロウがとまっていて、ここでもやはり、フクロウは明らかに陰鬱で不道徳な夜の象徴となっている。ある批評家は、この興味深いマストは「命の木」をボス流に表わしたものであり、闇の鳥であるフクロウは同じく夜行性の肉食種である狡猾な蛇に取って代わるとしている[2]。

「いかさま師」では、フクロウの配置が実に斬新である。ここに登場するのは明らかにメンフクロウで、いかさま師のベルトからぶら下がっている小さな籠から頭をのぞかせているだけなのだ。この男は興味津々の客を前に何か手品をしようとしているところで、フクロウがどうしてこんなところにいるのか、どうして飛んでいかないのか、ボスは何も説明していない。籠にはふたがないので、飛んでいこうと思えばいつでも飛んでいけるのだ。これからいかさま師がどんな手品を見せようとしているのか、そこにこの柔順なフクロウがどのように絡んでいくのか、想像するのは難しい。それゆえ、ここでもフクロウの存在は純粋に象徴的なものだというのが、この絵を研究する美術史家たちの考えである。しかしその象徴性の性質に関しては、皆の意見が一致しているわけではない。球状の籠がいかさま師の生殖器を表わすとして、性的な意味を持つものだと考える者もいる。「生殖器は知恵の鳥にその場所を譲り、取って代わられた」というのだ[3]。一方、このフクロウはいかさま師／手品師の悪だくみを象徴するものだと主張する者もいる。いかさま師は騙されやすい愚かな人々にこれから手品を見せて惑わせ、道を踏み外させようとしている、「テーブルの上の蛙、籠の中に半分だけ隠れているフクロウ、ピエロの帽子をかぶった犬は、信じやすい性質、異端、悪魔的な力を持つ堕落した愚かな側面を象徴している」という[4]。

ボスの作品の中でも特に有名な〈至福千年〉――最近では〈快楽の園〉として知られているが、この三連画にも数羽のフクロウが登場する。左に位置する「エデンの園」のパネルでは、命の泉に開いた暗く丸い穴から、飛び出た目をしたフクロウが外の様子を眺めている。この場合、ある学者によれば「このフクロウが持つ究極の意味は、その知恵は死を知り、死を超越することに基づいている」という。そのためフクロウは「命の泉の基礎の部分の真ん中」に配置されているのであり、そこで、遍在してすべてを見通し、生命を与える神の瞳を通して我々を見つめているのだ。知恵《ソフィア》の象徴である[5]。

「いかさま師」（ヒエロニムス・ボス、15世紀後半、油彩・板）

命の泉に巣を作るフクロウ（ボスの三連祭壇画〈快楽の園〉より「エデンの園」、1503-04年、油彩・板）

このフクロウをまったく違った観点から見る作家もいる。実際、そうした人たちはボスの描くフクロウはすべて「彼が死を表現する時に好んで使う象徴」、あるいは「魔法や悪魔信仰を密かに象徴する邪悪な存在」だとしている。ボスが活動していた中世にはフクロウをそのように見るのが主流だったというのがその理由だ。(6) ここでもやはり、フクロウを賢い鳥とみなすか、夜の悪霊とみなすか、相反する観点が存在している。ボスの作品の複雑なイメージの研究に生涯を捧げている博識な学者たちでさえ一致した見解を導き出せないということは、ボスは実際に我々には解決できない問題を残したということなのだろう。

この素晴らしい三連祭壇画の真ん中に位置する作品にはさらに数羽のフクロウが登場するが、邪悪の象徴とされながらも非常に人懐っこい姿で、抱きしめたくなるほど愛らしい。パネル左端の浅瀬に立つ大きなフクロウは、実際に裸の男の子に

「地上の喜び」に描かれた果樹園の中のフクロウ。

浅瀬に立つフクロウを男の子が抱きしめる（ボス〈快楽の園〉から、中央の一枚「地上の喜び」）。

抱きしめられている。男の子は左手でフクロウの胸を優しく撫でている。ある学者はこの場面を、「まるで友達に接するように、聖なる自然の叡智に身を委ねた証としてフクロウに身を任せ、羽に覆われた教師に何の邪心もなく寄り添う男の子」を描いたものと解釈している。[7]「地上の喜び」を描いたものと思われるこの場面の解釈としては、こちらのほうが適切であるように思われる。もちろん、あらゆる喜びは邪悪で、あらゆる知恵は狂信者の無邪気な無知を脅かすものだとする中世の辛辣な聖職者たちの見解をボスが熱烈に支持していたとしたら話は別だが。

アルブレヒト・デューラー（一四七一―一五二八）

北方ヨーロッパにおける最も偉大なルネサンス画家であるアルブレヒト・デューラーは、ボスとはまったく違うタイプの画家だ。彼もどうやらフクロウに魅せられた一人のようで、一五〇八年制作のフクロウの水彩画は、美術史上、最も有名で最も愛されるフクロウ画となった。ニュルンベルクに生まれたデューラーは、ヨーロッパ中を旅して回り、その途上に見かけた野生動物を大量にスケッチしている。写実に徹していて驚くほど正確で、描く側の想像力を一切排除した絵がページを埋め、西洋美術史において野生動物の写生に真剣に取り組んだ事実上最初の芸術家となった。デューラーの描くフクロウは、フクロウとしてのフクロウだった――他の絵によく見られるような象徴的な含みを一切持たない、客観的で動物学的な描写に終始していた。よいフクロウでも悪いフクロウでもなく、ただ

「コキンメフクロウ」（アルブレヒト・デューラー、1508年、水彩）

そこにとまっていて、それをデューラーが正確に記録する目的で描き、時代に五百年先駆けた作品を生み出したのだ。

だからといって、フクロウを象徴的なイメージとして描きたいという当時流行していた衝動をデューラーがまったく感じていなかったわけではない。かなりの数の作品の中で、他の鳥たちに群がられるフクロウを描いている。その一つでは、悲しそうな表情のキリストの頭上でフクロウが鳥たちに群がられている。この作品の解釈は、「キリストが彼の言葉に耳を貸そうとしない者たちに殺されたように、フクロウも嫉妬深い鳥たちに群がられ、最も賢い人と同じ運命を背負っている」というものだ。(8) この解釈では、群がられているフクロウを磔にされる直前のキリストの象徴とみなしていて、この鳥類の現象に関するそれまでの解釈とは異なっている。それまでは、フクロウが群がられるのは性格が邪悪なせいであり、「善の力に攻撃される悪」、もしくは「啓蒙的な」日中の鳥の攻撃を受ける夜の鳥とみなされていた。おそらく、熱心な自然主義者だったデューラーはフクロウを大いに愛したために、軽蔑的な描き方はできなかったのだろう。

ミケランジェロ（一四七五―一五六四）

生前から「神の手」と呼ばれていたミケランジェロが専心していたのは主に人間の肉体で、馬などの家畜が人間のそばにいるような場合を除き、動物を描くことは稀だった。彼はフクロウの彫刻を一

ジュリアーノ・デ・メディチの墓の一部として制作されたフクロウ（ミケランジェロ、1526-31年、サン・ロレンツォ教会、フィレンツェ）

体だけ制作しているが、それでさえ、横になった女性の裸体の添え物でしかない。その裸体は「夜」を表わし、フクロウは夜の闇の象徴としてそこに置かれている。女性が上げた左足の下に立って、肢をしっかりと地面に踏ん張っている。筋肉質の太ももに、膨らませた胸部、誇らしげで力強いフクロウだ。顔を見ればメンフクロウをモチーフにしていることが分かる。ミケランジェロの手になるこの唯一のフクロウの彫刻はフィレンツェのサン・ロレンツォ教会にあり、ジュリアーノ・デ・メディチの墓を含む大きな作品の一部となっている。この墓の制作は一五二六年に始まり、一五三一年に完成、「夜」（女）と「昼」（男）の二つの裸体像を取り上げている。これらの像は時間と過ぎゆく日々の法則に影響を受けるものとしての人生を象徴している。フクロウの彫刻は、「これは夜を表わすものである」ということを示す表札としての役割を担っているのだが、美術史家の中にはこのフクロウの存在意義をもっと高めて、「守る」という目的があると主張する者もいる。女性の曲げた膝の下に挑戦的に立ち、まるでこれ以上彼女のプライベートな部分には進ませないと言わんばかりに、彼女の秘部に通じる空間を遮断している。ということは、このフクロウもやはり守護者としてのフクロウだと解釈していいのだろうか。それとも、死にまつわるもっと不吉な役目を背負ったフクロウなのだろうか。その場合、ミケランジェロは命を産む女性の部位のすぐそばに死の象徴を置くというアイデアを楽しんでいたのかもしれない。これは美術史家たちも結論を出せないまま激しく論議を交わしている問題である。

ミケランジェロは生前、野生の動物を描くことがほとんどなかった。システィーナ礼拝堂の天井に描かれた「エデンの園」に出てくる蛇でさえ、人間の頭、腕、胴部、そこに蛇の尻尾がついたものとなっている。彼の写実的な作品と言えば、人間と死闘を繰り広げるワシの絵が二枚、同様の場面でライオンを描いたものが一枚、ドラゴンを描いたスケッチが一枚か二枚、キリンを小さく走り描きしたものが一枚、それだけだ。ミケランジェロの手によって彫刻になった野生動物はフクロウだけである。このユニークな鳥にのみ与えられた特別な名誉と言える。[9] ミケランジェロのライバルだったレオナルド・ダ・ヴィンチ（一四五二―一五一九）は、カニやカゲロウ、クマ、オオカミなどさまざまな生物を描くことに非常に熱心だったが、フクロウの絵は一枚も描いていない。彼が描いた鳥類は、ワシ、ハヤブサ、アヒル、そしてオウムだけだ。

フランシスコ・デ・ゴヤ（一七四六―一八二八）

十八世紀スペインの巨匠フランシスコ・デ・ゴヤは、フクロウを夜の怪鳥、常に攻撃体勢にある悪夢のような生き物とみなしていた。彼の制作した連作「ロス・カプリチョス」に収められている有名なエッチングで、作業机に突っ伏してうたた寝をする芸術家(おそらく彼自身)を描いたものがある。その周りを、翼の生えた不吉そうな生き物が十羽以上飛び交っている。遠景に描かれたものは大きなコウモリのようだが、近くのものは部屋の光が当たってはっきりと見え、翼も顔もフクロウのものであることが分かる。このフクロウのようなコウモリ、もしくはコウモリのようなフクロウが眠っている者の夢にまとわりついていることは明らかで、四方八方から彼を悩ませ、今にも襲いかかろうとしている。ゴヤのエッチングではこれ以外にも、暗闇の中から現われ出て危害を加えようとする邪悪なフクロウが何度か登場する。

レイプや拷問、死といった、記憶に焼きついて離れない場面を描いたゴヤの連作「戦争の惨禍」でも、フクロウがやはり衝撃的な登場を果たしている。しかしその象徴的な役割は先ほどのものとは少し趣を異にしている。[10] 作者はこの連作を、半島戦争(一八〇八—一四)で行なわれた残虐行為に対する個人的な反応として制作している。制作を開始した当初のものは特定の残虐行為を描いているが、後期のものはもっと寓意的である。「猫のパントマイム」という興味深いタイトルがつけられたものは、ブバスティスにおける古代エジプト人のように、一匹の大きな猫を崇拝する宗教的集まりを描いている。大きなフクロウが明らかにその鉤爪を猫に食い込ませる目的で舞い降りてきて、猫はその攻撃を見越して頭を少しよじっている。ここではゴヤは暗に教会を非難していて、誤った偶像を破壊する者としてフクロウを登場させているように思われる。つまりこのフクロウは殺し屋であり、まさに残忍な行為を行なおうとしている瞬間が描かれているのだが、その目的は聖職者が唱える誤った崇拝

「理性の眠りは怪物を生む」（フランシスコ・デ・ゴヤ、1797–99 年、エッチング、アクアチント）

「我々を解放してくれる者はいないのか？」(ゴヤ、エッチング、アクアチント)

の対象に異議を唱え、破壊することである。このフクロウをゴヤが描いた他の悪夢のフクロウと並べて見ると、攻撃されようとしている対象はそれぞれ違ったとしても、この絵はゴヤがフクロウをあくまでも死と破壊の象徴として描いていることを裏づけている。

エドワード・リア（一八一二―一八八八）

ヴィクトリア朝時代の生真面目な芸術家、エドワード・リアは、風景画や動物をモチーフにした絵も描いたが、彼のパトロンだったダービー伯爵の子供たちを楽しませるために作ったナンセンスな詩や漫画がそれ以上に有名になってしまった。リアは野心家であり、ある時期にはヴィクトリア女王に絵の手ほどきをしていたこともある。しかし彼の作品には、癲癇の発作や急性の鬱症状に常に苛まれていた影響が強く現われている。もし彼が生涯を通じて病に侵されていなければ、今日ではもっと著名な芸術家として名前を知られていたに違いない。彼の描いたフクロウをじっくりと見れば、いかに素晴らしい作品であるかが分かる。とりわけ印象的なものは、一八三六年、彼が二十代初めの頃に描いたメガネフクロウである(11)。

「メガネフクロウ」(エドワード・リア、1836年、水彩)

「フクロウ」(パブロ・ピカソ、1953年、テラコッタ、彩色)

パブロ・ピカソ(一八八一―一九七三)

フクロウはその独特の頭の形と大きな目が理由で、現代の芸術家の間でも題材として好まれている。パブロ・ピカソは一九四〇年代から五〇年代にかけて一連のフクロウの絵やデッサンを残していて、陶磁器の制作においても壺や瓶の題材としてフクロウを頻繁に取り上げている。ピカソは自分自身のことも、誰もが知るあの力強い目のせいでフクロウに似ていると思っていたようだ。ある時、友人で写真家のデイヴィッド・ダグラス・ダンカンがピカソの強烈な目を接写し、ピカソがそれをフクロウの目として利用したことがある。ダンカンは写真を引き伸ばして二枚作り、ピカソにサインしてくれと頼んだのだがピカソは断り、「スケッチブックを取り出して紙を二枚ちぎり、はさみを手に取った。そして木炭を使って、ほんの数分でフクロウとしてのパブロ・ピカソの自画像を二枚描き上げた」のだ。二枚とも自分の写真の目の部分を切り抜いて紙に貼りつけ、その周りにフクロウの頭部を描いたのだった[12]。

フクロウの魅力に取りつかれたピカソは、自分の顔がフクロウ的な要素を持っていることをよく理解していた。家でペットとしてコキンメフクロウを飼っていたこともある。一九四六年、アンティーブに滞在していた時に肖像写真家のミシェル・シマ（一九一二—一九八七）から譲り受けたもので、シマはそのフクロウを手にしたピカソの記念写真を撮っている。ピカソが制作していたアンティーブ美術館の隅で、シマはそのフクロウを見つけたのだった。ひどい状態で、片方の鉤爪に怪我を負っていた。ピカソは手当をして、鉤爪には治るまで包帯を巻いていた。フクロウは特別に用意された籠に入れられてパリまで運ばれ、ピカソの家のキッチンでカナリアや鳩と一緒に生活することとなった。ピカソはアトリエによく出たネズミを捕まえ、餌としてフクロウに与えた。しかしこのフクロウはどうやらあまり愛想のよくないペットだったようで、新しい飼い主に対して時々鼻を鳴らす程度のことしかしなかった。ピカソは鼻を鳴らされるとフクロウに向かって汚い言葉を浴びせ返すのだが効果はなく、また鼻を鳴らされて終わりだった。

ピカソの飼っていたコキンメフクロウは非常にプライバシーを大事にする鳥で、誰かがキッチンにいる時にネズミを与えられても決して食べようとしなかった。だが一分でもキッチンから人がいなくなると、戻ってきた時にはネズミは消えていた。フランソワーズ・ジローは自伝『ピカソとの日々』の中で、ピカソは「籠の横木の間から指を突っ込んではフクロウに噛まれていた。でも、パブロの指は小さいけれど丈夫で、噛まれて怪我をすることはなかった。最後にフクロウは彼に頭を撫でさせるようになり、指を差し出されても噛まずにその上にとまるまでになった。それでも相変わらず不機嫌そうではあった」と書いている。一九四六年、ピカソはそのペットをモデルにして、椅子の上にとまるフク

フクロウとしての自画像を入念に見るピカソ（写真：デイヴィッド・ダグラス・ダンカン）

ピカソとフクロウ。

「フクロウと３つのウニの静物画」（パブロ・ピカソ、1946年、油彩・板）

「籠の中のフクロウ」（パブロ・ピカソ、1947年、油彩・板）

ロウの絵を描いている。「フクロウと三つのウニの静物画」と題された作品で、その絵の前でまだ少し不機嫌なフクロウを手に持ったピカソの写真が残っている。つまりその写真には、ピカソの目とフクロウの目と絵に描いたフクロウの目と、三組の力強く見つめる目が収められているというわけだ。もちろん、この三組の目が似ているということが彼の狙いだったのだろう[13]。

フクロウの象徴性ということになると、古代ギリシアでフクロウが知恵の象徴とされていたことはピカソも知っていたはずだが、彼自身はむしろ、死を予告する夜の怪鳥とみなしていた。先に紹介したゴヤのエッチング、いかにも不吉そうなフクロウの大群に群がられる眠る男を描いた「理性の眠りは怪物を生む」のことも知っていたに違いない。一九四八年、ピカソははらわたを抜かれた馬を題材にした不気味なスケッチを残している（スペインの闘牛場で馬がどのように虐げられているかということを表わした絵だ）。馬の頭に一羽のフクロウが大人しくとまっていて、これは明らかに傷を負った動物に死が迫っていることを象徴している。

ルネ・マグリット（一八九八―一九六七）

ベルギーのシュルレアリスト、ルネ・マグリットの作品にもフクロウは何度か登場する。最初に描かれたのは一九四二年に制作された陰気な雰囲気の絵で、「恐怖の仲間たち」というタイトルがつけられている。ベルギーがナチスによって占領されていた時期にブリュッセルで描かれたこの作品は、人里離れた荒涼とした風景を描いたもので、固い地面を割って植物が力強く伸びている。植物は五つあるのだが、いずれからも花が咲いているのではなく、緑色のフクロウが生えている。葉の部分が地面から垂直に伸びていて、次第にフクロウの体へと変身し、葉と鳥の混成物になっているのだ。マグリットの作品にはよく見られることだが、この絵も観る者の心に錯覚を起こさせ、落ち着かない気分にさせる。制作の数年前、マグリットは友人に宛てた手紙の中で、次のように書いている。「絵画において実に素晴らしい発見をした。これまで……対象物の配置だけで絵に神秘性を持たせることができたが、ここで何度も実験を重ねた結果、対象物の持つ新しい可能性を発見した――次第に他の何かに変わっていくことができるということ、あるものがそれ以外のものと結合する可能性……それらを追求すれば、これまでとはまったく異なる形で目が『考え』なくてはならない絵を制作することができるのだ[14]」。

この絵に描かれた植物とフクロウの混成物には不吉さが漂っている。賢いフクロウでも親しみやす

植物として成長するフクロウ。「恐怖の仲間たち」(ルネ・マグリット、1942年、グワッシュ・紙)

いフクロウでもなく、殺し屋としてのフクロウである。まるで戦時のナチスによる占領期、国中に恐怖が蔓延していた頃には、植物でさえ秘密の夜行性肉食鳥の一群に変身してしまうことがあるのだとマグリットは訴えているかのようだ。一九四四年にもマグリットは同様の場面を描いているが、ここではフクロウは白に変色している。真ん中のフクロウには角のような大きな羽角があり、マグリットはこの耳について、「悪魔崇拝と関係があるのだろうか」と友人に宛てた手紙に書いている[15]。言い換えれば、邪悪で悪魔的な役割を担う存在としてのフクロウを念頭に置いていたということだ。

第二次世界大戦が激化するにつれ、マグリットは新しい画法を導入することで、単調で悲惨な状況に対抗することを決意する。この頃の作品は「輝ける時代の作品」と呼ばれ、心象風景に対して楽天的で明るいアプローチで決然と取り組み、印象派の技法を取り入れたものだ。そうした一枚に、日当たりのいい窓辺にとまる大きなフクロウを描いた「夢遊病者」という作品がある。フクロウは酒を飲みながらくつろいでいて、満足そうにパイプをふかしている。この作品についてマグリット作品の専門家は、「重要なのは、闇や夜を愛するフクロウが光や太陽を享受している点だ。そうした感傷的な面も持ちつつ、この作品では陰気なフクロウと光という調和しえないはずのものが混じり合っている。日光を愛する夜行性の肉食鳥という、不可能の実現である」と述べている。(16) ひねくれ者のマグリットは、闇の鳥が日の光を楽しむという、現実のフクロウが決して行なわないことを描いてみせたのだ。政治的なメッセージは明らかである。ナチスに対して、彼はこう主張している――我々に闇をもたらしたつもりかもしれないが、我々の心まで押しつぶすことは不可能だと。それどころか、闇と同義語の存在が光の中に現われたのだ。

その他の現代芸術家たち

パウル・クレー、マックス・エルンスト、サルバドール・ダリ、ジャック・エロルド、グレアム・サザーランド、ベルナール・ビュフェなど、他にも数えきれないほどの芸術家がしばしばフクロウをレパートリーの一部にしているが、なかなかフクロウに対して誠実に描いているとは言えず、印象的な絵も描けていない。しかしアメリカのモリス・グレーヴズ(一九一〇—二〇〇一)は特異な鳥の絵を描くことを得意としていて、心をかき乱すような一枚を残している。厳密に言えばフクロウではな

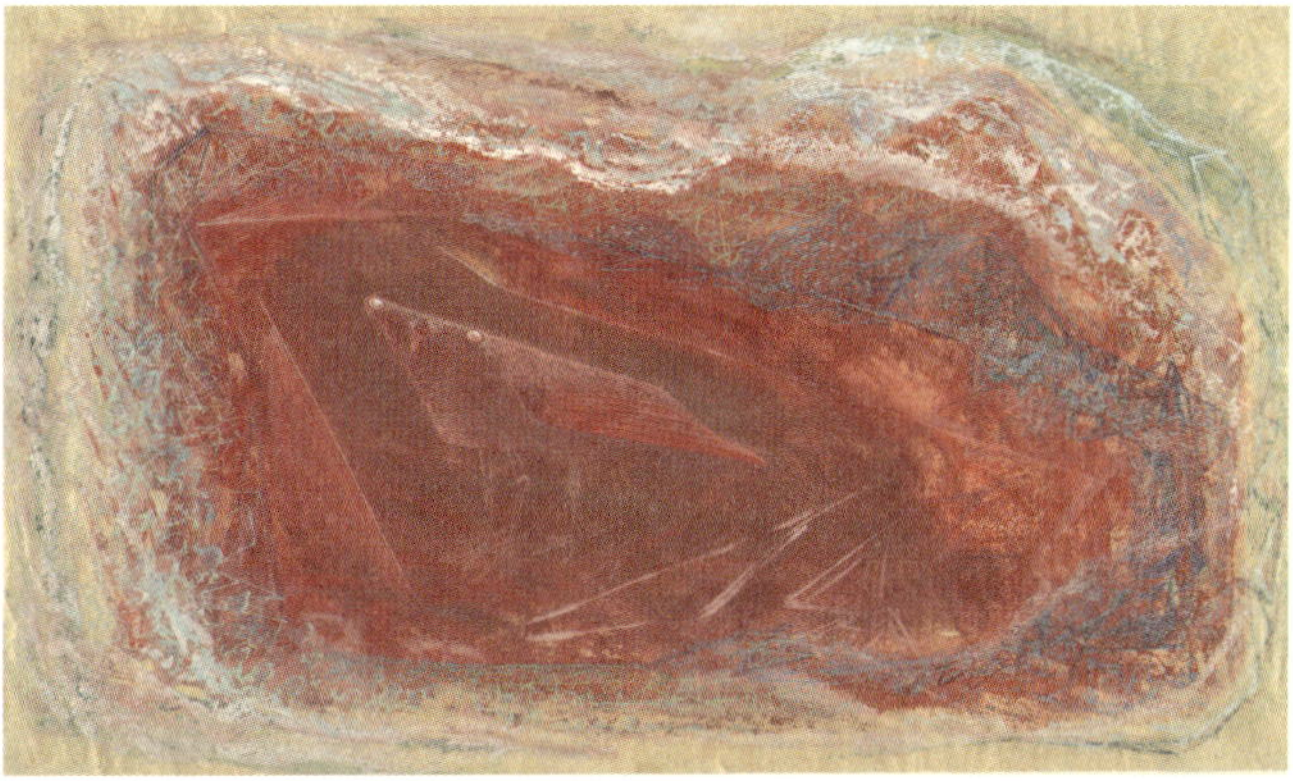

「あまり知られていない内なる眼の鳥」(モリス・グレーヴズ、1941年、グワッシュ)

いかもしれないが、フクロウからインスピレーションを受けていることは間違いない。「あまり知られていない内なる眼の鳥」と題されたこの絵に描かれているのは四本足の奇妙な鳥で、幅の広い平らな顔に、小さな嘴を開き、狭い洞窟のような空洞に閉じ込められている。エジプトの象形文字のフクロウのように、体は横を向いているのだが顔は正面を向いている。第二次世界大戦の真っ只中にあった一九四一年に制作されたこの絵は、「フクロウにインスピレーションを受け、心の奥底——現実の世界よりも高いところにある現実を知るところ——についての画家の考えを表わしたもの」と言われる。グレーヴズ本人は、「わたしは外界の出来事から避難するために描いている……そしてその本質を記録して内なる眼を確立するために」と述べている。[17] まるでこのフクロウのような生物は、安全なところに逃げ込み、混乱した外の世界から身を隠すことで戦争の恐怖を避けているかのようだ。あるいは、四足のフクロウという象徴的な形をとって、戦争をする人類の残虐な愚かさから退避するところにその賢明さが表われているのかもしれない。

「2 羽のフクロウと 1 羽の鳥」（トム・ダイムストラ、2000 年以降、アクリルとコラージュ、厚紙）

モダン・プリミティブ、日曜画家、あるいはアウトサイダー・アーティストと呼ばれる独学の芸術家たちも、時に印象的なフクロウを描いている。イングランドでは、見事に独特の芸術作品を生み出しているフレッド・エイリス（一九三一年—）がいる。もともとは南ロンドンでカフェを経営していて今は画業に専念しているのだが、例のフクロウと仔猫を独自の解釈で作品化している。小さな漕ぎ舟の舳先にショウガ色の大きなぶち猫が寝そべり、船尾には背中にギターを担いだフクロウがかしこまってとまり、遠く沖に出ている。どちらも夜行性の肉食動物で、こんな時間にこんなところまで来てしまったことに気落ちしているのだが、その運命を受け入れているようにも見える。猫にとっては、泳いで帰るには遠くまで来すぎてしまっていて、フクロウも飛んで帰るにはギターが重すぎるのだ。それで両者ともじっとそこで、リアのナンセンス詩の内容に忠実に応えているというわけだ[18]。

アメリカでは、最近ますます人気が出てきたアウトサイダー・アーティストのトム・ダイムストラ（一九五二頃—）。

サインをする時は省略して「トム・D」と書いている）がフクロウに特別な関心を寄せている。ミシガン州グランドラピッズ出身のトムは、女優のスーザン・サランドンや歌手のコートニー・ラブ、作家のトム・ロビンスといった国内の有名人たちお気に入りの民俗芸術家となり、彼らが作品をコレクションするほどだ。オランダでアンディ・ウォーホルと合同展を開いた際に展示したフクロウの作品は、素晴らしく素朴な魅力のあるものだった。一度見ると忘れられない作品だ。

南アフリカでは、人里離れたニーウ＝ベセスダの村にアウトサイダー・アーティストによる傑作が存在する。「フクロウの家」と題されたこの作品は、ヘレン・マーティンズ（一八九七―一九七六）という名の奇妙な世捨て人が生涯を捧げた活動の結晶だ。ヘレンはこの村で生まれ、教師になるために村を離れた。結婚と離婚を経験し、一九二〇年代後半、年老いた両親の面倒を見るために生まれ故郷に戻ってくる。両親が亡くなると、四十代後半を迎えていたヘレンは自分が一人ぼっちであることに気がつく。他の村人たちと交流のなかったヘレンは、それまで以上に内にこもるようになる。彼女は灰色に塗り込められていた自分の世界に色をつけるため、カルーと呼ばれる広大な高原にあった家を記念碑的な芸術作品に変えることを決意する。

キャンドルをたくさんともすと炎を反射するよう、砕いたガラスや明るいペイント、色をふんだんに使った窓ガラス、多角形の鏡で壁を飾られた家はファンタジーの世界を創り出している。周囲には建物を囲むように、神話に出てくる獣をモチーフにした奇妙な模型や大きな彫像を何百体も立てた。通りからかなり入ったところにアーチ型の入り口があり、それを両面に顔のあるフクロウが平然と見守っている。このプロジェクトは完成するまで彼女の強迫観念となり、七十八歳の時に苛性ソーダを

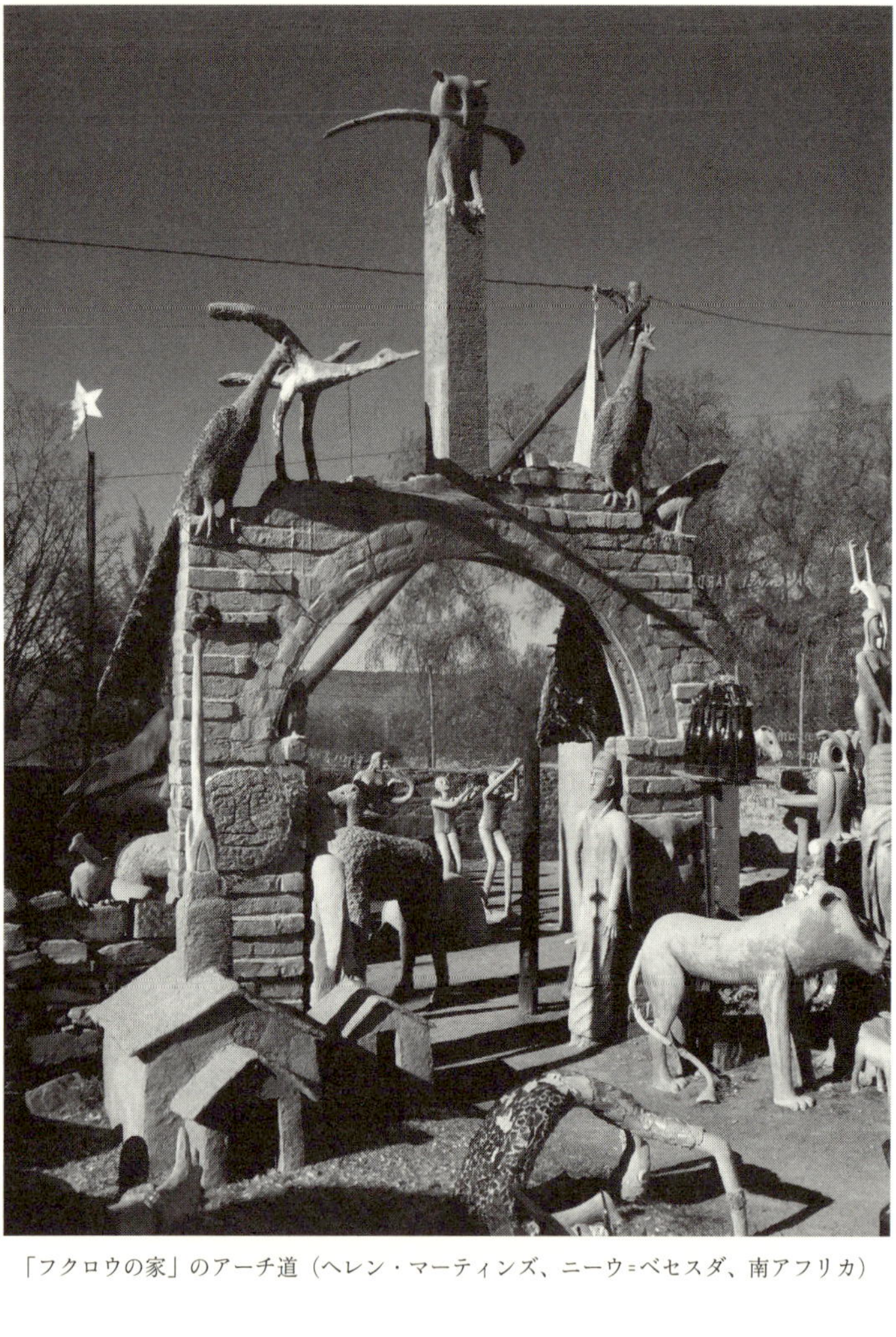

「フクロウの家」のアーチ道（ヘレン・マーティンズ、ニーウ=ベセスダ、南アフリカ）

飲んで自害するまで創作活動に打ち込んだ。現在、「フクロウの家」は観光客に開放されていて、彼女が何年もかけて作り上げた非現実的な世界は観る者たちを驚かせている。その世界を支配しているのが、下を通りかかる人々の頭に襲いかかろうとするかのように翼を広げた大きなフクロウの像だ。この家は一九九一年に国定史跡に認定された。

最後に、興味深いフクロウの絵を描いた最近の有名な芸術家は、イギリス人アーティストのトレイシー・エミン（一九六三—）である。トレイシーはぐちゃぐちゃのままのベッドを展示作品としてテート美術館に進呈したことで世間からはおかしな目で見られているが、タブロイド紙が我々に信じ込ませようとしている人物像よりよほど真面目な芸術家だ。他にも派手なセックスライフを公にすることで悪名高いが、複雑な個性の持ち主で、彼女の有名人としての生き方は本当の自分を隠そうとしているということのように思われる。しかし、小さなフクロウのエッチングに、おそらく無意識に真実が現われている。その鍵となるのが「コキンメフクロウ——自画像」というタイトルだ。このフクロウは実に寂しげで、羽も少しぼさぼさで、一羽で侘しく木の枝の付け根部分にとまっている。それ以外は何も描かれていない。空白だ。フクロウはそもそも孤独な鳥で、エミンのフクロウはそのとおりの姿であるとも言える。もし彼女が自分自身をこう見ているのだとすると、彼女が切実に求めているのだろうと周囲が思うある種の満足感はまだ得られていないということになる。他の多くの芸術家たち同様、彼女にとってもフクロウはフクロウ以上の存在で、ある種の象徴やメタファーであり、この絵に関しては、一羽でたたずむフクロウは孤独だということを伝えている。

フクロウを描いた作品をさらに何百と見ていくことも可能だろう。明らかに、世界中の芸術家たち

「コキンメフクロウ——自画像」（トレイシー・エミン、2005年、エッチング）

にとってフクロウはその見た目だけで贈りものと言える存在なのだ。他の鳥は滅多に描かない芸術家も、あの大きな目や見事に丸い頭を描いてみたくなる衝動は抑えきれなくなることがあるようだ。フクロウには神話における豊かな歴史があり、現存するフクロウの絵がそれぞれ何を象徴しているのかを解釈しようとすることも魅力的な試みではあるが、それは間違ったことなのかもしれない。多くの芸術家にとって、フクロウは単にその美しい形を味わうものであって、伝説や深い心理的な意味などは関係ないのだ。象徴性が重要だという芸術家も中にはいるだろうが、それ以外の場合、美術史家らによる時に複雑で愚かしい解釈は無視し、ガートルード・スタインなら、フクロウはフクロウであり、フクロウであり、フクロウである……、と言うであろう形で鑑賞するのがいいのかもしれない。

第九章　典型的なフクロウ

ここまで、何世紀にもわたって我々がフクロウをどのように見て、フクロウとどのように交流してきたかをさまざまな観点から検証してきたが、解決されていない疑問がまだ一つある。この素晴らしい鳥に関する科学的な真実としては何が言えるのだろう、という点だ。フクロウに関する古い物語のうち、どれだけのものが現実に基づいたもので、どれだけのものが事実を大いに歪めていたり空想として誇張していたりするのだろう。近年、フクロウ科の鳥について多大な研究がなされ、どういう特徴を備えていれば典型的なフクロウと言えるのか、また典型的でないフクロウはどれぐらい存在するのか、といったことが今でははっきりとしている。

すべてのフクロウは肉食で、ほとんどの種は夜にのみ活動する。少数ではあるが、中には寒い北極地方に生息するシロフクロウのように昼間に狩りができるように適応した種もある。フクロウは視力が優れていて、素晴らしい聴力と申し分のない性格の持ち主で、幅の広い頭の形で、見ただけでフクロウと分かる。フクロウはあくまでフクロウであって、フクロウかどうか判別できないということはない。この鳥は果たしてフクロウだろうか、という議論を呼ぶ中間は存在しないのだ。

肉食鳥としては非常に有利な特徴として、大半のフクロウは飛ぶ時に音を立てない。もちろん、中には少数の例外はあって、この特徴を放棄して他の鳥と同じように音を立てて飛ぶ種もある。また、典型的なフクロウは対趾足と呼ばれる独特の足の形をしていて（文字どおり指が「対」になっている）、二本の爪が前を向いて二本が後ろを向いている。他の鳥はたいてい三本が前を向いていて、後ろを向いているのは一本だけだ。シロフクロウの場合、冷たい地面から保護するために肢全体が羽毛に覆われている。

社交面を見ると、フクロウはどちらかと言うと孤独な存在で、他の個体とは離れて過ごし、昼の間は眠り、夜になると単独で狩りをする。例外は繁殖期ぐらいだ。時期を問わずこの規則を破っているのが唯一アナホリフクロウで、穴の付近で複数の家族が集まって小集団を形成していることも珍しくない。孤独を好む性格にもかかわらず、英語にはフクロウの集合名が存在する。フクロウの一群のことを、「フクロウの議会」と呼ぶのだ。このような言い方をされるのは、賢い鳥だと考えられているからか、それともずる賢いと信じられているからなのかは定かでない。

安全なねぐらが確保できない場合は、やむなく一つのところに複数羽で眠ることもある。眠っている間は敵に狙われやすく、孤独に過ごしたいという欲求と昼間の安全の必要性が秤にかけられるのだ。大きくて特に魅力的なうろのある木が一本あって、近くには他にねぐらになるいいところがなければ、積極的に皆で集まる場所としてではなく、あくまで便宜上の共同寝室として、そこで皆で一緒に眠るということはある。ねぐらとして適当な割れ目がない場合は、高い枝にとまって幹に寄り添うようにして眠るしかない。こういう時に重要になってくるのが典型的なまだら模様の茶色の羽毛で、樹皮を背景にカモフラージュとなる。切り株の上にとまって、そのまま切り株の続きのような姿勢を

シロフクロウ。肢全体が羽毛に覆われている。

アフリカオオコノハズク。アカシアの木にとまり、樹皮を背景にカモフラージュする（ナミビア）。

取るフクロウもいる。切り株の上で微動だにせず、目をしっかりと閉じているので、通りかかっただけの人はそこにフクロウがいるとは思いもよらない。

目

フクロウの目は体のサイズに比べて異様に大きく、中には人間の目と同じ重さの目を持つ種もある。角膜の表面もかなりの部分が露出していて、両方の目は左右に大きく離れている。いずれも夜行性の猛禽としての生態に特別に適合した結果である。頭蓋骨の中で両目が離れて位置しているために頭の幅が広く、それがフクロウの特徴の一つとなっているのだが、このことが立体的な視野を増すのに役立ち、獲物を捕まえる際に非常に重要な要素となっている。実際、フクロウは鳥類の中で一番優れた立体視野を持っている。

目が顔の前面についていることは最も顕著な特徴だが、フクロウはきょろきょろしたり横目を使ったりすることがない。これは、人間の目と違ってフクロウの目は眼窩に固定されているからだ。横を見たくても横目を使うことができないので、頭全体を動かしているのだ。この方法は実によくできていて、フクロウの頭は左右に二七〇度、上下に九〇度の可動域があるので、不都合は生じない。これが可能なのは、頸椎の数が人間の二倍に当たる十四個あって、首が驚くほどしなやかにできているからである。

頭をぐるりと回して後ろの様子を確認するニシアメリカフクロウ。

たいていの動物の目は球状だが、フクロウは違う。筒状になっているのだ。この特殊な目が強膜骨と呼ばれる環状になった骨にしっかりと収まっていて、筒状になっているために眼窩内で目をきょろきょろさせることができないというわけだ。目がこのように奇妙な形状になっているのは、夜目を発達させるために進化したものと考えられることもあるのだが、動物の目に関して世界最高の権威であるゴードン・ウォールズは、これは「薄暗がりの中で目が果たす役割には何も貢献していない」と断言している。(1)とはいえ、おかげでフクロウ科の鳥が頭蓋骨の中でそれほどスペースを取らずに大きな目を進化させることにつながっている。もしフクロウの目が大きな球状であれば、脳のためのスペースがほとんどなくなってしまっていたはずだ。フクロウの目が筒状になっていることは大人のフクロウを見ても分からないが、生まれて数週間しか経っていない雛の中にはこの奇妙な特徴がよく出ているものがあり、他の惑星からやって来たエイリアンかと思うような外見をしている。

フクロウの目は、左右どちらにも三枚のまぶたがある。上のまぶた、下のまぶた、そして瞬膜といってそれらの内側にある第三のまぶただ。瞬膜は角膜の表面で斜めに開閉し、洗浄と保護の役割を果たしている。半透明のこの第三のまぶたは、単独で使うことも上下のまぶたと同時に使うこともできる。ほとんどすべてのフクロウの虹彩は明るい黄色で、瞳孔の真ん中の黒と際立ったコントラストをなしている。中にはこの黄色が濃くなって、オレンジや、もっと濃く茶色をしている種もあるが、夜になって活動が活発になると瞳孔が最大限に大きくなって目全体が黒くなるので、この色の違いに大した意味はない。

フクロウの目は二つの大きな役割を担っている——非常に弱い光の中でものを見るということと、

クロワシミミズクの雛（生後4週)。目が筒状になっている。

オレンジ色の虹彩。

カラフトフクロウ。明るい光の下で瞳が小さくなっている。

地上のどんなかすかな動きも見逃さないということである。敏感かつ鋭い視力という二つの必要条件は、フクロウが夜行性の肉食鳥として生きていくうえで極めて重要な要素だ。それゆえ、近くにあるものにピントを合わせる能力は乏しくても、遠くのものを見通す能力に優れているということは驚くには値しない。メンフクロウを対象にした詳細な実験で視覚感度が人間の少なくとも三十五倍という結果が出たのも、当然と言えば当然のことである。

フクロウに関する最大の誤解は、フクロウは明るい光の中では目が見えないというものだ。この誤解は何世紀も語り継がれてきた伝説や民話に基づいているのだが、これは事実ではない。実際、ワシミミズクは昼間でも人間より少しいい程度の視力を持っている。フクロウの瞳孔はピンで刺したような小さな穴ほどまで小さくなるので、それで日光の量を最小限にまで調節し、昼間でもものを見ることができるのだ。

フクロウは遠くにあるものを見事なまでにはっきりと見ることができるのだが、常に獲物を目で捉えられるとは限らない。獲物となる小動物はたとえば敷き詰められた落ち葉の下に隠れているかもしれず、そうなると獲物の居場所を突き止める唯一の手がかりは、獲物が動く時に立てるかすかな音になる。この時、フクロウの非常に敏感な聴力が発揮されることになる。実験室での実験により、フクロウの聴力は人間の約十倍という結果が出ている。他にも、メンフクロウはネズミが動いた時の音や鳴き声がかすかにでも聞こえれば、真っ暗闇の中でもネズミを見つけ出して殺すことができるという実験結果もある。

種によっては頭のてっぺんから角のように突き出た羽角が特徴的なものもあるが、これが聴力には何の関係もないということは強調しておきたい。羽角の主な役割は識別装置のようなもので、ここを見てフクロウの機嫌を判断したり、どの種に属す個体かを判別したりするのだ。本来の耳は、幅の広い頭の脇の羽毛で常にすっぽり隠れている。飼い慣らされたフクロウの羽毛を指でそっと掻き分けてみれば、その下から大きな耳の穴が現われる。フクロウの耳が極めて高度に発達しているということは、何も最近になって分かったことではない。頭部の羽毛で隠されたその複雑な構造は、一六四六年に刊行されたウリッセ・アルドロヴァンディの偉大な書、『自然誌』の中ですでに図解されている。

フクロウの耳は、最も発達した形で頭部の左右に非対称に位置している。片方がもう片方よりも高

フクロウの耳。ウリッセ・アルドロヴァンディ『自然誌』(1656 年)より、「鳥類学論」第８巻。

い位置にあるのだ。その結果、地上の小さな音が一方の耳には若干早く届き、比較的大きな音として聞こえる。また、フクロウが飛んでいる地点よりも左側に獲物がいた場合、落ち葉の中を動く音は左の耳に先に届くことになる。その逆も同様だ。驚くべきことに、こうした音を聞く時、フクロウは三〇〇〇万分の一秒の時間差を認識することができる。フクロウの脳の中で音の認識をつかさどる部分が他のどの鳥よりもはるかに発達していることも納得である。たとえばカラスと比べると、三倍も複雑な構造になっている。

この高度に洗練された音声処理能力を補佐しているのが、たいていのフクロウの特徴でもある、細かい羽毛で覆われたへこんだ顔盤だ。顔盤がパラボラアンテナのような役割を果たし、音を耳に集めているのだ。しかも顔には特別な筋肉があって顔盤のへこみ具合を変えることができ、獲物の上を飛翔する間に顔のへこみを深くしたり浅くしたりしながら、獲物の正確な位置を測っている。獲物の位置を確認すると、身に迫りつつある危険にまったく気づいていない獲物を致死的に捕まえるべく、鉤爪を大きく開いて音も立てずに素早く舞い降りる。この急降下の途中で獲物が移動しても、フクロウはそれに応じて飛行経路を調整するだけだ。

一九六〇年代、どの種のフクロウが最も聴力に優れているかを確かめるための実験が行なわれた。結果は、北の地の森に生息している種は熱帯地方に住む種よりも優れた聴力を持っているということだった。北の松林で夜に狩りを行なうのと熱帯雨林で狩りをする場合を比較してみると、この結果には納得できる。冷たい北の森は真夜中になると墓場のように静まり返るはずで、そこを飛んでいるフクロウの耳にはネズミの足音も聞こえるだろう。一方で真夜中の熱帯雨林は、夜気に昆虫や蛙の鳴き声が充満していて、音だけで獲物の場所を特定するにはうるさすぎるに違いない。熱帯に生息するフクロウにとって、薄明かりの夜明けや夕暮れ時が狩りをするには重要な時間帯となり、獲物を見つけるにあたって視力がより大きな意味を持つことになる。

狩り

夜になって狩りに出たフクロウは、その驚異的な目と耳を駆使してあたりを観察し、物音に注意しながらしばらく一定の範囲内を飛び回る。何も見つからなかった場合、そのまま次の場所に音もなく移動し、そこでまた飛び回る。そして獲物を発見すると、さっと舞い降り、獲物から六十センチほどのところまで近づいたところで鋭い鉤爪を開いていつでも掴みかかれる姿勢を取り、肢をぐいと前に突き出す。そしてすかさず獲物に飛びかかり、ぎゅっと掴み、たいていはその瞬間に殺してしまう。少しでも抵抗されると、力強い曲がった嘴を獲物に突き刺す。この時点で獲物を鉤爪で掴むか、大きい場合は嘴に挟んで高い木の枝に舞い戻る。そして枝の上に落ち着くと、獲物を丸ごと飲み込む。たいていは何度かに分けて大きく飲み込み、一連の流れが終了する。稀に、獲物が大きすぎるような場合、飲み込む前に獲物を小さく引き裂くことが多い。とても小さい場合は、捕まえると同時に飲み込んでしまうこともある。

野原の上空を飛んで獲物を探すメンフクロウ。

フクロウの中には他と比べて翼の短い種があって、こうした種は「腰掛け狩猟」と呼ばれる狩りの方法を好む。杭や小枝の上に陣取って、そこにじっと座って獲物が近くを通りかかるのをひたすら待つ。そして獲物がやって来ると間髪入れずに襲いかかる。この省エネ型の狩りを行なうには、襲撃しやすい環境であることが必要だ。

獲物も敏感な聴覚を持っているはずなので、狩りの間は獲物に近づいていることを悟られないようにしなければならない。フクロウは奇妙

獲物を捕まえたフクロウ。ウリッセ・アルドロヴァンディ『自然誌』（1656年）より、「鳥類学論」第8巻。

なほど静かに飛ぶということは先にも述べたとおりだが、どのような原理でそれが可能になっているのかについてはまだ説明していなかった。その秘密は、主翼羽の長い初列風切羽の構造にある。他の鳥の場合、この初列風切羽は羽ペンの羽のように表面が荒く、端が滑らかで固いのだが、フクロウの場合は繊細に縁取られ、端がのこぎり歯状になっていて、表面はベルベットのように柔らかいのだ。こうした特徴のおかげで、夜になって羽ばたいた時に羽の周りにできる空気の流れが弱まり、通常、鳥が飛ぶ時に聞こえるはずのバサッという音が弱まる。しかしそのために諦めたものもある。羽が柔らかいということは、狩りをするフクロウにとってはそれだけ頑張って羽ばたかなくてはならないということでもある。それでも人目を忍んで狩りを行なう肉食鳥にとって、音を立てずに飛べることがもたらしてくれる利点はあまりに大きく、そのために余計な困難が生じるとしてもそれだけの価値はあるのだ。

　フクロウの食生活はさまざまだが、ハタネズミなどの齧歯類がその大半を占めている。そう考えると、フクロウは有害な小動物の駆除をしてくれているわけで、農夫にとっては友人のような貴重な存

獲物を捕まえたメンフクロウ（*Tito alba*）。

ワシミミズク（*Bubo bubo*）と、餌食になったウサギ。

ナマズを捕まえたウオクイフクロウ（*Scotopelia Peli*）。

在とみなされてもいいはずだ。しかし残念ながら、フクロウに関する古い迷信がしぶとく残っているため、地域によってはフクロウは有り難がられるどころか、虐げられているのが現状だ。

他に餌としているのは、小さな鳥、ウサギや魚、両生類で、爬虫類を食べることもある。大型のフクロウは自分の仲間に敬意を払うことなく、小さなフクロウなら食べてしまうことも珍しくない。さらに大きなフクロウになると、キツネや小さなシカやイヌぐらいの大きさの動物まで餌食にすることが知られている。小型のフクロウは、大きな昆虫や蜘蛛、その他の無脊椎動物を好んで食べる。昆虫などは飛行中に捕まえるのだろう。

獲物をいつになくたくさん捕まえた場合、フクロウは備蓄用として少し保存しておくことも知られている。食べきれなかった分を木のうろや割れ目、ちょうどいい枝の分かれ目に押し込んでおいたり、巣に持ち帰ったりするのだ。

ペリット

獲物を丸ごと飲み込むフクロウには、対処しなければならない問題がある。獲物を調理する手間を省いている代わりに、骨や嘴、鉤爪、歯、鱗、昆虫の場合なら外骨格といった、消化できない部位が胃の中に溜まってしまうのだ。これらの不要なものは一つにまとめられ、湿った細長い塊（ペリット）にして吐き出される。このペリットは、楽に吐き出せるように固いものを毛や羽など柔らかいもので

ペリットを吐き出すフクロウ。

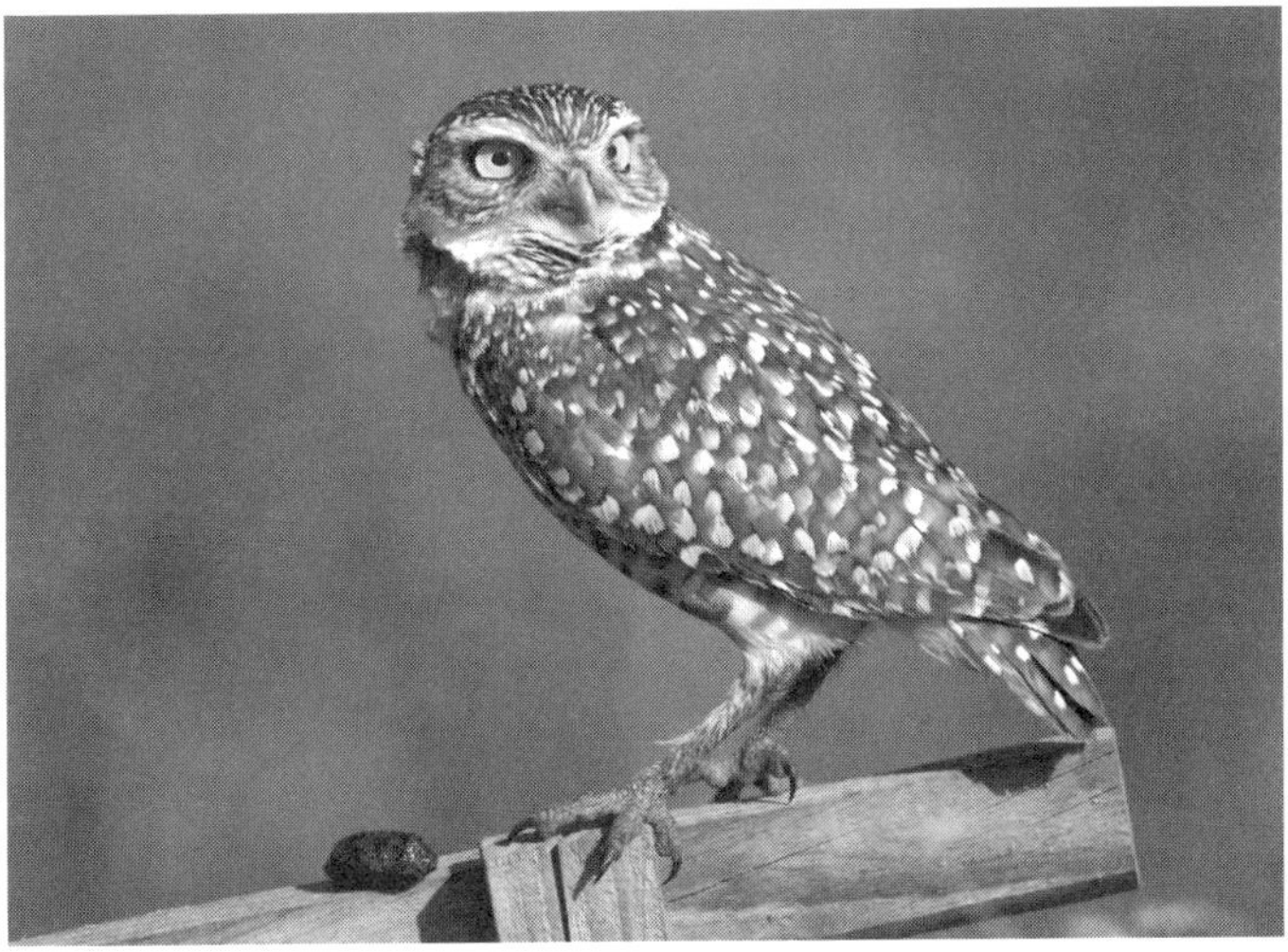

ペリットを吐き出したアナホリフクロウ。

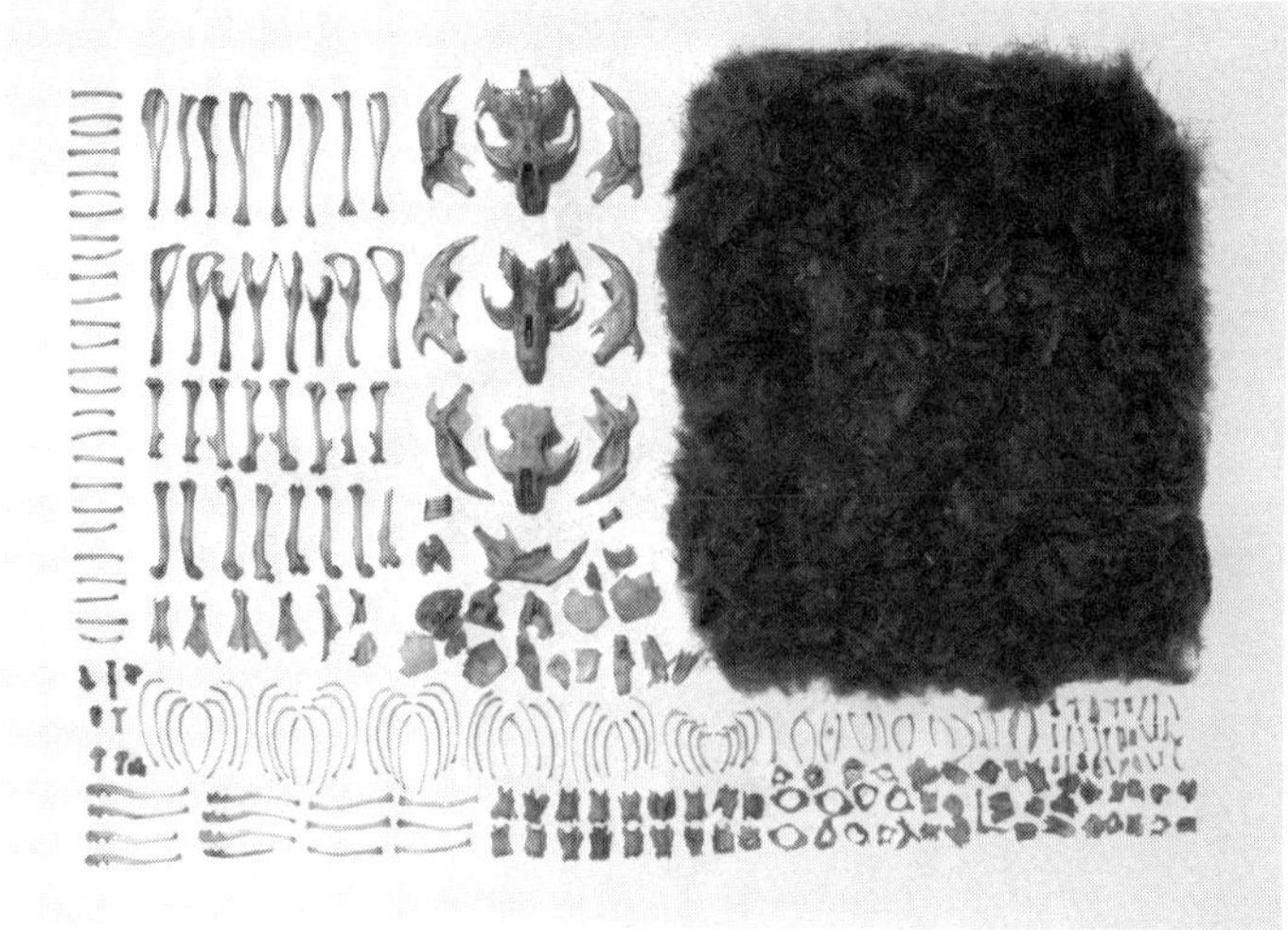

トラフズク（*Asio otus*）のペリットの内容物。

包むという特別な方法で作られる。その後には、タンパク質分解を生じる酵素や胃酸で容易に消化できる柔らかい部分だけが残るというわけだ。

こうしたペリットはフクロウのねぐらや巣の付近に落ちていて、鳥類学者にとっては大いに参考となっている。森林や林床から採集したペリットを細かく調べ、未消化の内容物を分析することで、かなりの精度でフクロウの食性について判断することができるのだ。その際、フクロウの胃から腸に通じる幽門が細いことが調査員の作業を容易にしている。この細い幽門のおかげで、細かい骨など断片以外のものが胃から先に送られることがなく、吐き出されたペリットにはたいていその前の晩に獲物となった動物のほぼ完全な骨格が含まれていて、何を食べたかを特定しやすいのだ。

ペリットの分析は教材としても優れていて、学校などの教育機関にペリットを提供することを唯一の目的として設立された専門的な企業も存在する。たとえば、ペリット社（Pellets, Inc.）は「わたしたちはメンフクロウのペリットの中でも最高級のものを提供し、関連商品の品揃えも世界一です……取り扱っているペリットはすべて自社で収集、加熱滅菌、選別、包装、出荷するため、最高の品質とサービスを保証します。我が社に十八年勤務する社員が一つずつ丁寧に手で選り分け、包装しています」と謳っている(2)。

フクロウがペリットを作るまでには決まったサイクルがある。まず、狩りをして獲物を殺し、丸飲みにする。フクロウには嗉嚢がないため、小さな獲物は食道を通ってそのまま消化液が待ち受ける腺胃（前胃）まで滑り落ちていく。それから筋胃、あるいは砂嚢《さのう》と呼ばれるところに運ばれ、消化できる部分は腸に進んで吸収され、消化できない部分は一まとめにしてペリットにされる。このペリットはその後腺胃まで戻され、そこで十時間ほど溜まっている。この間、ペリットが消化器官を塞いでいるため、何も食べることができない。再び狩りの準備が整ったフクロウは不快そうな様子を見せるようになる。目を閉じ、嘴を開けて首を上や前に伸ばす。この時にペリットが口から吐き出されて地面に落ちる。これでフクロウはまた狩りができる状態となり、一つのサイクルが完了する。

鳴き声

フクロウは、目撃されるよりもその鳴き声を聞かれることのほうがずっと多いと言われてきた。そのせいでフクロウを恐れる人がいたり、不気味で幽霊のような存在だと思う人がいたりするのだろう。フクロウは鳴き鳥ではない。モリフクロウのものとされるあのホーホーという鳴き声も、そうした人たちにしてみれば馴れ馴れしいということになるのだろう。夜気の中でフクロウが鳴くのを耳にすると、それがどの種のフクロウであれ、拷問部屋の前にでも来てしまったのだろうかと思うかもしれない。フクロウはホーホーと鳴くとされているが、実際はもっと叫ぶとか喚くとか、金切り声を上げるとかギャーギャー騒ぐとか、そんな感じに近い。唸ったり鼻を鳴らしたり、ぶんぶん言ったり咳き込んだり、鐘を鳴らしたりするように鳴く種もある。しばらく油を注していない機械や、バッテリーが切れた車のエンジンをかけようとしているような声で鳴く種もある。他にも、巨大なキリギリスか、よく吠えるテリアとテナガザルの異種交配かと思うような鳴き方をするものもある。落ち着いて低く柔らかい声で鳴くのは本当に大きなフクロウだけで、それですら子供を怖がらせるために誰かが幽霊のふりをしているのかと思うような鳴き声だ。

アメリカワシミミズク（*Bubo virginianus*）の鳴き声を録音してみると興味深いことが分かる。ホーホーというモールス信号のような鳴き声も、個体によってそれぞれ異なるのだ。とはいっても、長くホーホーと鳴くか短くホーと鳴くかの二つしか音はないのだが、フクロウ同士ではお互いに容易に識別できているという。

一羽が、ホーホー、ホー、ホー、ホー、ホーホー、ホーホー、と鳴けば、

別の一羽が、ホーホー、ホー、ホー・ホー、ホー、ホーホー、と応え、

さらに別の一羽は、ホーホー、ホー、ホー、ホー・ホーホー、ホーホー、ホーホー、と鳴く

夜に鳴き声を交わして縄張りを主張し合ったりお互いの猟場を守ったりしているライバルの雄にとっては、こうした微妙な違いだけで十分なのだ。夜になって突然鳴きやむフクロウがいたら、そのフクロウの縄張りは別のフクロウに奪われつつあるということである。

繁殖期には、雄は鳴いて雌を引き寄せ、生殖状態へと誘う。フクロウの鳴き声は、鳴き鳥の美しい声と違って森の中で音楽的に心地よく響くことはないが、その機能と効果についてはまったく劣るものではない。

繁殖

パートナーを見つけることはフクロウにとって危険極まりない仕事となりかねない。強力な武器を持つ縄張り意識の強い肉食鳥であるフクロウは、自分のねぐらに近づいてくるものすべてを敵に回して戦うことも可能だ。ほとんどどの種でも雄と雌の見た目は変わらないため、繁殖期に入って間もない頃は、近づいてくるフクロウがパートナーを探している異性なのか、それとも同性のライバルなのか、見分けることが容易ではない。雌はたいてい雄よりも若干体が大きいのだが、それだけでは相手の性別を見分ける決定的な要因とはならない。他にももっと情報が必要で、鳴き声や振る舞いの違いを見ることになる。多くのフクロウは雄と雌が一緒になって鳴き声を交わし、異なる雄と雌の鳴き声

フクロウの巣。大きさの異なる雛の姿が見える。

が行ったり来たりする。また、雌が近づいてきた時の振る舞いも、ねぐらにいる雄にとっては性別を見分ける手がかりとなる。雌は、雄をなだめるような様子で近づいてきて、攻撃的でもなければ怖がる素振りを見せることもない。これが雌ではなくてライバルの雄であれば、ねぐらにいる雄に対して戦いを挑んでくるか、逃げていくはずだ。雌は雄に存在をアピールしないといけないので、こうした行動をとることはないのだ。

雄と雌がもっと親密な関係になってからは、嘴を弾いて音を立てたり、体を揺すったり、お辞儀をしたり、翼を広げたり、頭を振ったり、羽を逆立てたりといった行動が多く見られるようになる。そうすることで、ペアになった雄と雌がともに興奮し、やがて交尾へと発展していくのだ。求婚期にあるフクロウは、相手に餌を与えることもある（これは他の鳥でも見られる行為だ）。雄は誇示行為を中断し、さっと舞い降りて獲物を捕まえ、すぐに舞い戻ってくると殺した獲物を特別な贈りものとして雌にプレゼントするのだ。

威嚇するアメリカワシミミズク（*Bubo virginianus*）。まだ飛ぶことができないために、防御の体勢を取る雛。

多くのフクロウは一生同じ相手と連れ添うため、相手を選ぶことが難しいのは最初だけである。それゆえ、ふさわしいパートナーを見つける難しさを体験するのは一生に一度だけなのだ。たいていの種は繁殖期以外に雄と雌が行動をともにすることはないが、それでもまた次の繁殖期になるとお互いに呼び寄せ合って、違う相手を最初から探すようなことはしない。

フクロウにとって、適当な営巣場所を見つけることは巣を作るよりも重要なことだ。巣作りに関しては、フクロウはハタオリドリと対極にある。フクロウの巣は概して不体裁で、いかにも間に合わせのような代物だが、場所の選択は非常に慎重に行なわれている。周囲から守られた空洞や、誰も住んでいない建物や廃屋の中の安全な場所、樹洞、岩の割れ目、他の鳥が使わなくなった巣などを探すのだ。適当な場所を見つけるとそこを自分たちの場所として、雌はそこで白くてほぼ球状の卵を産む。雛が孵るのはたいてい二十一日から三十五日程度経ってからだが、その間、雌がすべての卵を抱いて温め、雄が

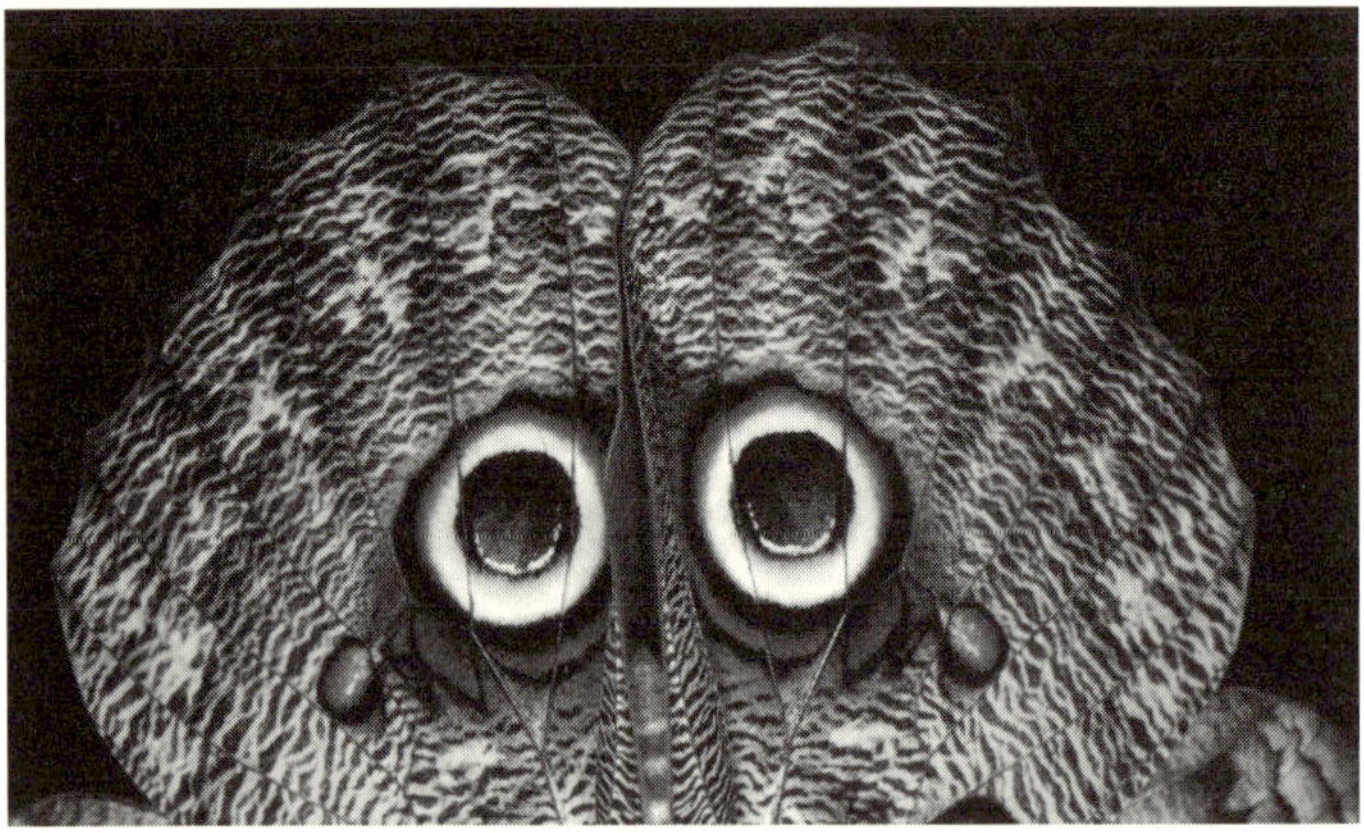

フクロウチョウ（*Caligo eurilochus sulanus*）。フクロウの顔を真似する蝶。

食糧を運んでくる。雛が孵ってからは、雄と雌が協力して餌を見つける。雛が小さい間は、餌は飲み込みやすいように細かくばらばらにしてから与えられる。

卵の数は種によってさまざまだが、たいていの場合、平均して三個か四個の卵を産む。一つの卵を産んでから次の卵を産むまでにだいたい数日の間隔があり、その結果、雛の大きさも変わってくる。餌が十分にあれば雛はすべて育つが、十分でなければ大きい雛しか育たない。本当に餌に困った時は、下の雛は餌をすべて上の雛に取られ、巣の中で餓死してしまうこともある。その場合、生き延びた大きな雛の餌になってしまう。この厳しい哺育方法のおかげで、どんな環境でも一定数の次の世代を残すことができるのだ。

フクロウは巣作り上手ではないかもしれないが、巣を守ることにかけては素晴らしい才能を発揮する。侵入者が巣に近づいてくると、それが大人の人間ほど大きな相手であっても、親フクロウは巣を守ろうと必死に抵抗するか、獰猛なまでの攻撃に出る。体中の羽を逆立て、翼を大きく広げ、前や下に向かってぐるぐると回すように羽ばたいてみせるのだ。こうすることで突然大きくなったように見せかけることができる。こうして相手を威嚇しながら、嘴をカタカタと鳴らし、シューッという音や、他にも不気味な音を立てる。まるで、あと一歩でも近づくと本当に攻撃するぞと警告しているかのようだ。フクロウは、明るい色をした大きな目で侵入者を見据え、さらに威嚇する。この目には相手を脅かす効果があることから、蛾や蝶の中には、羽にフクロウの顔を真似たような目玉模様を持つように進化したものもある。最も印象的な例がフクロウチョウだ。

その他の防衛方法として、相手の気を逸らそうとすることもある。親フクロウが巣の近くで、まるでひどい怪我をしていて今ここで攻撃されたら一たまりもない、といった様子で羽をばたばたと羽ばたかせるのだ。そうやって侵入者の注意を巣にいる無力な雛から逸らし、侵入者が自分に襲いかかろうとしたところで、さっきまで苦しそうにしていたはずの親フクロウは安全なところに飛び去り、運がよければ雛も無事に済むという作戦だ。

親フクロウは本気で攻撃を仕掛けることもあり、その場合、侵入者の頭を目がけてさっと舞い降りて、鋭い鉤爪で切りつけようとする。鳥の写真家として有名なエリック・ホスキングはこれでモリフクロウに左目をやられたのだ。のちに彼は『片目を鳥に奪われて』という自虐的なタイトルの自伝を出版している。

モビング（疑攻）

野生のフクロウを観察している時に見られる最も奇妙な現象の一つとして、他の鳥たちから受ける扱いが挙げられる。何らかの理由でフクロウが誤って昼間の明るいうちに開けたところに出てきてしまうと、あっという間に怒った昼間の鳥の群れに囲まれ、攻撃されることがある。こうした鳥はフクロウに比べるとかなり小さいのだが、数に物を言わせているように思われる。

モビングと呼ばれるこの行動は、紀元前六世紀にはすでに人間の観察者たちを魅了していた。当時ギリシアで作られた黒像式の美しいアンフォラ（両手つきの壺）が残っているのだが、そこには木の下の杭につながれたフクロウが描かれている。その周囲を小さな鳥の群れが飛び交い、木の枝にとまっている鳥も見える。鳥がとまっている枝にはねばねばとした鳥もちが塗られていて、そこにとまった鳥はさっそく身動きが取れなくなり、簡単に捕まえられ、殺されて食卓に並ぶこととなる。この頃すでに、鳥刺たちはフクロウが小さな鳥たちに群がられることだけでなく、その活用方法まで知っていたのだ。

その二世紀のち、紀元前三五〇年に初めて世に出た『動物誌』の中で、アリストテレスはこの知識が失われていないことを明らかにしている。「昼間は他の小鳥たちがこぞってフクロウの周囲を飛び回り（いわゆる「賛嘆行為」と呼ばれる現象である）、攻撃し、羽をむしり取る。この習性を利用し、鳥刺たちはフクロウをおとりにして他のさまざまな鳥を捕まえる」(3)。この記述が奇妙なのは、群がられていることを「賛嘆」と表現している点だ。アテナイのフクロウは知恵のシンボルとして畏敬され

つながれたフクロウに小鳥たちが群がる。紀元前6世紀の後半25年、古代ギリシア、アッティカの黒像式アンフォラ。

5羽の小鳥に群がられるフクロウ（ノリッジ大聖堂、ミゼリコルドの木彫り、イーストアングリア、1480年）

ていたため、ギリシア人の書き手としてはフクロウが他の鳥に嫌われているとみなすことはとまどわれたのだろう。そのため、「小さな鳥たちがフクロウの知恵に驚いていた」と言うほうが腑に落ちたのだ。

ローマ時代には、紀元七七年から七九年にかけて書かれた『博物誌』の中で大プリニウスがモビングに言及している。興味深い内容ではあるが、極端な例に基づいたものだったのかもしれない。「小さなフクロウが他の鳥たちと戦う時に発揮する知恵と敏捷さは見ものである。圧倒的な数の鳥たちに囲まれて攻撃されながら、鉤爪を向けて仰向けになり、何とか抵抗している。狭いところで気力を振り絞り、嘴と鉤爪以外には身を守るものを何も持たないのだ」と書いている。(4)

十三世紀の動物寓話集には、しばしばモビングの様子を描いた挿画が含まれている。ある寓話集から別の寓話集に無断借用されたものもかなりあったよ

「昼間の鳥の群れに対抗するフクロウ」（アルブレヒト・デューラー、1509—15年、木版）

うで、少し変化があるだけで同じような場面がいくつもある。フクロウが三羽の鳥につつかれている絵では、一番下の鳥はカササギだ。フクロウは姿勢よくじっと立ったまま身動き一つせず、この屈辱にひたすら耐えている。宗教色の強いこの寓話は、フクロウが襲われているのは闇を招く鳥として「キリストの光」を拒絶したからだという教訓を伝えている[5]。フクロウをさらに不吉な存在とすべく、フクロウは後ろ向きに飛ぶとしている寓話もある。

それから少し経って十五世紀にも、五羽の小鳥がやはり辛抱強いフクロウを襲っていると思われる場面を描いたものがある。ノリッジ大聖堂のミゼリコルド（座席の後ろの突起部分）に施された彫刻だ。同じような彫刻は、北部のヨークシャーから南海岸に近いサマセットシャーまで、この時期に建造されたイギリスのかなりの数の教会で見られる。

十六世紀初頭には、アルブレヒト・デューラーがそれまでの写実的に動物を描く画風を放棄して、鋭

モビングを受けるフクロウ（マルチェッロ・プロヴェンツァーレ、17世紀、モザイク画、「鳥たちのいる風景」）

い嘴と鉤爪で今にも襲いかかろうとする怒った四羽の鳥に取り囲まれたフクロウが、必死の形相で目を血走らせ、羽を逆立てて翼をばたつかせている場面を描いた絵を残している。その次の世紀には、フランシス・バーロウが巣の入り口で群がられるフクロウを描いている。四方八方から七羽の鳥に襲われて当惑した様子を見せるフクロウがかなり写実的に描かれているのだが、バーロウは何か教訓のようなものを加えたほうがいいと考え、正義の人々に責められる罪人の象徴としてこの絵を描いたと述べている。

モビングを受けるフクロウをもっと写実的に描いた十七世紀の作品として、マルチェッロ・プロヴェンツァーレ（一五七五―一六三九）によるモザイク画がフィレンツェにある。コマドリ、ゴシキヒワ、カワラヒワ、ズアオアトリ、スズメ、シジュウカラなど、正確に描かれたありとあらゆる種類の鳥たちにフクロウが群がられている。鳥類学的には、このモザイク画は時代を二世紀先駆けていたと言える。

現代になると、こうした芸術作品は、バードウォッチャーがたまたま撮影することのできた写真に取って代わられる。運よく鳥類界のドラマを目撃した際に撮ったものだ。おかげで、フクロウがたくさんの鳥に群がられてなす術もなくなっている時に具体的には何が起きているのかということを、それまで以上に詳細に知ることができるようになった。

本来なら大人しいはずの昼間の鳥たちがどうして好戦的になるのか、興味深いところだ。どこの国でも、小型の鳥は生まれた時からフクロウに対して恐怖心を持っている。それは生まれながらの性質で、フクロウを見たことがあるかないかにかかわらず、生後数か月で芽生えてくるものだ。先にも述べたように、蛾や蝶の中には羽にフクロウの目に似た模様を持つように進化し、小鳥が近づいてくるとその羽をさっと広げて追い払うものがいるという事実からも、このことは確認できる。

小鳥たちは、フクロウに対して生まれながらの恐怖心を持っているおかげで、普段はこの肉食鳥を避け、命拾いをすることにつながっている。しかし近くに仲間がいる場合など、悩まされる側が悩ませる側に変身することがある。逃げるどころか一歩も引かず、フクロウに向かっていくのだ。甲高い警告の声を上げ、群れてさらに多くの小鳥を呼び寄せ、怒って騒々しくなった小鳥たちはフクロウを取り囲んでしまう。小鳥たちは絶え間なく大きな声で鳴き、身をよじったり小刻みに動かしたり、攻撃を仕掛けるふりをしたりして、自分たちよりも大きなフクロウに嫌がらせをする。その中でも度胸のある小鳥は大胆にも実際に攻撃を仕掛け、後ろから忍び寄ってフクロウの羽をぶつこともある。

モビングというこの行為は、この肉食鳥が実際に狩りを行なっている時には決して起こらない。最も起こりやすいのは、フクロウがフクロウらしくないことをしている時だ。フクロウは怪我をしていたり病気で本来の体調でない時に、普段と違って昼間でも開けたところにじっととまっていることがある。目につきやすいところにいるのに動かないフクロウは絶好の標的になってしまう。小鳥たちが集まってきて、普段なら考えられないほど近くまで接近してくるのだ。三メートルぐらいのところまで近づいてくることもあり、そこで威嚇行為を始める。具体的にどんな動きをするかは種によって異なるが、ズアオアトリなどアトリ科の小鳥の場合、体をフクロウに向け、頭のてっぺんの毛を逆立て、肢を曲げ、翼を少し高い位置で広げ、身を屈めた姿勢で体を左右に小刻みに震わせながら尻尾を上下に素早く動かす。

アトリ科の鳥だけでなく、シジュウカラやホオジロ、ムシクイ、クロウタドリ、ツグミ、さらには小さなハチドリまで、多くの小鳥がフクロウに群がるという奇妙な習性を持っている。ハチドリは特に攻撃的になり、フクロウの頭付近、顔から五センチも離れていないところでぶんぶんとうなったり、大きく鳴いたり、目をつつこうとしたりする。クロウタドリやツグミのような少し大きな鳥になると、九メートルほどのところからフクロウを目がけて急降下し、そのまままっすぐ襲撃するのかと思わせておいて、最後の最後、あと三十センチで本当にぶつかるというところで急に逸れるという危険を冒すこともある。時には後ろから飛びかかって頭の羽毛に爪を立てることもある。

興奮は伝染しやすく、小鳥たちはどんどん集まってきて、実際にその大騒ぎの原因となっているフクロウを見ることもなく、ただみんなで騒いでいるだけということもある。他の小鳥たちが騒いでいるのを見て真似をしているだけなのだ。攻撃的になった鳥たちは騒いでいる間にますます興奮していくので、我々はその隙にいつも以上に鳥に近づくことができる。小鳥たちの興奮は収まらず、フクロ

カラスに群がられるアメリカワシミミズク（ウィスコンシン州ラシーン郡、ルート川）。

ウが我慢しきれずに飛び立ったあとも、それなりの時間が経過しないうちは普段の状態にまで落ち着くことができないかのように、長い間そこで騒いでいる。

群がられたフクロウは、非常に不快なのだがどうしていいのか分からないといった様子で我慢しているように見える。その様子からも、周囲の状況に苛立ち、心を乱されていることが分かる。徐々に落ち着きを失い、ついには騒々しさや嫌がらせに耐えきれなくなって、静かな場所を求めてどこかに飛び去ってしまう。もちろんこれが、小鳥たちによる総攻撃の目的だ。フクロウは辛い体験を覚えているもので、それ以降もその付近に戻ってくることはない。小鳥たちにとってこれは偉大な勝利なのだ。

残る疑問は、小鳥たちが何をもってフクロウを見分けているかということだ。ここまで強烈な反応を誘発する特性とは一体何なのだろう。ぬいぐるみのフクロウと木で作ったフクロウを使って実験を行なった結果、フクロウをフクロウたらしめている重要な要素は、大きな頭、短い尾、はっきりした輪郭、色が茶色か灰色であること、表面に斑点があるか縞模様であること、嘴があること、そして目が前面についていることであると分かっている。張子がこれらの条件を数多く備えていればそれだけモビングを受ける可能性は高くなるが、それが表面に本物の羽毛をつけたぬいぐるみでも、木を彫ってフクロウをかたどって色をつけたものでも、あまり関係がないようだ。これらの重要な要素が一つもない場合、あるいは少ししかない場合、小鳥たちはそれなりに興味は示すものの、群がるという行為につながるほど興奮することはない。

これ一つだけでも備えていれば小鳥たちを群がらせるに十分だという要素は、ホーホーという例の独特な鳴き声だ。ハチドリの羽毛が装身具としてお洒落だとされていた頃、トリニダード島の羽毛狩りたちもそのことを実によく心得ていた。周辺に住むフクロウの鳴き声を真似するだけで、何も知らないハチドリをおびき寄せ、捕まえて殺すことができると知っていたのだ。

保護

何世紀にもわたって虐げられてきたフクロウも、ようやく素晴らしく見事な鳥という本来の姿を認められるようになっている。フクロウの保護と管理を目的とした立派な団体が数多く設立され、それぞれの種の生息数を調べるために入念な調査が行なわれている。保護活動家たちは、世界に生息するおよそ二〇〇種のフクロウのうち、十一種を絶滅危惧IB類に、六種をIA類（次ページの表で「＊」をつけたものがそれにあたる）に認定している。深刻な状況に陥っている種は次ページに示すとおりである。

その原因はいつでもどこでもやはり同じで、生息地の減少である。ほとんどのフクロウには森が必要なのだが、森は世界中で大幅な減少傾向にある。長期的に見ると絶望的と言わざるを得ない種もある。他の脅威としては、病虫害防除剤が広く使われているためにフクロウの餌となる小動物が減っているということが挙げられる。また、発展途上にある地域では、フクロウを悪霊として絶滅させるべきものと見る暗い迷信が未だに根強く残っている。

絶滅が危惧されるフクロウ

和名	学名	個体数	減少の原因
スラメンフクロウ	*Tyto nigrobrunnea*	250 ~ 999 (減少傾向)	過度な伐採
マダカスカル メンフクロウ	*Tyto soumagnei*	1000 ~ 2499 (減少傾向)	生息地の破壊
コンゴニセ メンフクロウ	*Phodilus prigoginei*	2500 ~ 9999 (減少傾向)	森林伐採
ハイイロ コノハズク	*Otus ireneae*	2500 (減少傾向)	営巣地の消失
セレンディブ コノハズク	*Otus thilohoffmanni*	250 ~ 999 (減少傾向)	生息地の消失
フロレスコノハズク	*Otus alfredi*	1000 ~ 2499 (減少傾向)	生息地の消失
(和名なし)＊	*Otus siaoensis*	50以下	生息地の破壊
セーシェル コノハズク	*Otus insularis*	249 ~ 318 (安定)	個体数の不足
ビアクコノハズク	*Otus beccarii*	500 ~ 9999 (減少傾向)	生息地の断片化
アンジュアン コノハズク＊	*Otus capnodes*	50 ~ 249 (減少傾向)	生息地の破壊
(和名なし)＊	*Otus moheliensis*	400 (減少傾向)	生息地の厳しい規制
コモロ コノハズク＊	*Otus pauliani*	2000 (減少傾向)	生息地の厳しい規制
シマフクロウ	*Ketupa blakistoni*	250 ~ 999 (減少傾向)	土地開発
アカウオクイ フクロウ	*Scotopelia ussheri*	1000 ~ 2499 (減少傾向)	森林損失
ペルナンブコ スズメフクロウ＊	*Glaucidium mooreorum*	50以下 (減少傾向)	生息地の厳しい規制
カオカザリヒメ フクロウ	*Xenoglaux loweryi*	250 ~ 999 (減少傾向)	生息地の急激な減少
モリコキンメ フクロウ＊	*Heteroglaux blewitti*	50 ~ 249 (減少傾向)	生息地の断片化

しかし絶滅の危機にあるフクロウに対する社会の関心は、二〇〇六年に「フート」（ホーホーの意）という映画がハリウッドで制作されたことも手伝って、盛り上がりを見せている。「エコスリラー」と銘打たれたこの映画は、アナホリフクロウの生息地をブルドーザーで脅かすフロリダの土地開発業者と戦うティーンエイジャーたちを描いた物語だ。映画の宣伝ポスターでは、穴から顔を出すフクロウと迫りくるブルドーザーの間に決然と立ちふさがる少年たちという印象的な構図が採用されている。このような筋書きをハリウッドが商業的に問題なしと判断した事実は、フクロウ保護の観点から見ると明るいニュースと言える。

映画「フート」のポスター（2006 年公開）

もう一つ嬉しいのは、二百種のうち一八〇種以上が保護区分の「低危険種」に認定されていることだ。中には確固たる生息数を誇る種もある。たとえば、アメリカワシミミズクは少なく見積もっても世界で五三〇万羽、メンフクロウもそれに迫る四九〇万羽が生息している。生存問題に関して、フクロウは夜行性という特殊な生態で世界中で生き延びることに成功していて、これらの数字を見る限り、安定した数で推移していると言えそうだ。

第十章　ユニークなフクロウ

一般的に、フクロウは鳥類としては非常に独特な存在と言える。羽毛の色や顔の模様、羽角が種によって多少異なることはあっても、夜行性の肉食鳥としての生態は厳密な「フクロウ仕様」となっていて、それから外れる種は稀である。とは言っても、異様に大きなものや、飛びぬけて小さいもの、木から降りて地中の穴に棲みつくようになったものなど、典型的なフクロウの仕様からは何かと外れた種もあり、ここでは特にそれらを紹介したい。最後に紹介するのは、最近になって絶滅した種で、飛べなくなって少し変わった伝説的な地位を得たとされるフクロウである。

巨大フクロウ

世界で最も印象的なフクロウはワシミミズクだ。体重は三〇〇〇グラムあって、体長は七十二センチ、翼を広げると一七五センチにもなり、フクロウの中では最大で、肉食鳥として恐れられている。獲物は齧歯動物のみならず、なんと他のフクロウまで食べてしまう。これはあくまで一方的な関係で

ワシミミズク（*Bubo bubo*）。

あり、他のフクロウがワシミミズクを襲うことは決してない。他にもタカやチュウヒ、トビ、ノスリ、ハヤブサといった昼行性の猛禽まで餌食にし、時にはワシを食べることもある。実際、その食生活は非常に変化に富んでいる。猛禽類に加えて、アヒル、オオバン、カイツブリ、ライチョウ、キジ、ウズラ、ハト、カモメ、ツル、キツツキ、カラス、コクマルガラス、カケス、カササギ、ホシガラス、ヒバリ、ツグミ、ムクドリ、アマツバメ、ツバメ、ウ、サギ、サンカノゴイ、ノガン、ツル、さらにはワタリガラスまで殺して食べることが分かっている。哺乳類も例外ではない。ネズミ、ハタネズミ、ウサギ、野ウサギ、仔ジカ、シャモアやアイベックスの仔、野生のヒツジ、仔ヒツジ、リス、オコジョ、イタチ、ミンク、テン、キツネ、コウモリ、ネコ、モグラ、トガリネズミ、ハリネズミなどを襲って食べてしまう。ワシミミズクに出くわして無事でいられるものはなさそうだ。ここまで変化に富んだ食生活を送るフクロウは、世界中を探しても他にはない。

たいていのフクロウは人間が大勢集まって騒いだり叫んだりしていると怯えるものだが、巨大なワシミミズクにとっては大したことではないようだ。二〇〇七年、ヘルシンキにある国立競技場でベルギーとフィンランドのサッカー代表チームが主要な国際試合を行なった。試合の最中、巨大な鳥が選手たちのいるところに急降下してきて、そのままピッチに舞い降りたのでレフェリーは試合を中断し、フクロウが飛び立つまで選手をいったん引き揚げさせた。レフェリーがほっとしたことに、その巨大な鳥はまるでやかましい群衆にいとまを告げるかのように羽を広げて飛び立った。だが、ゴールのクロスバーの上に堂々と居座り、自分を取り囲む大勢の人間たちをきょろきょろと眺め始めたのだ。怯えているというよりは困っているようだったが、やがて再び飛び立った。どこかに行ってしまうのかと思いきや今度は反対側のゴールにとまり、敵対するチームのファンたちを引き続き眺め始めた。それまで喝采を上げていた観客たちは、それを見て笑い出した。ようやくフクロウがどこかに行ってしまって試合は再開されたのだが、フクロウがスタジアムで堂々とふるまっていたことから二つのことが明らかとなった。一つは、ワシミミズクは人間を恐れないということ。そしてもう一つは、ワシミミズクを追い払おうとする勇気のある人間は一人もいなかったということである。

この一件があって、フィンランドのサッカー代表チームは「ワシミミズク（Huuhkajat）」と呼ばれるようになった。例のワシミミズクも二〇〇七年十二月にヘルシンキ市民賞を受賞している。「ブビ」という名前がつけられて、調査の結果、街中に住んでいたことが判明した。アリーナのAスタンドを普段から時々ねぐらとしていて、自分の縄張りだと思っていたところに何千人というサッカーファンが詰めかけたことで、びっくりしていたに違いない。

ワシミミズクのもっと最近の武勇伝としては、J・K・ローリングの「ハリー・ポッター」シリーズがある。マルフォイ家が飼っているフクロウとして登場しているのだ。

まさにフクロウの王と呼ぶにふさわしく、エジプトではサッカラの古代階段ピラミッドを営巣地としていることもうなずける。しかし悲しいことに、この巨大フクロウは人間による迫害の犠牲となり、生息数が減少傾向にある。人間を恐れぬ姿勢もこの点に関しては役に立たず、車や列車、それに特に高架線や送電線にぶつかることが他の種とは比べものにならないほど多いようだ。

世界最小のフクロウ

世界で最も小さいフクロウは、メキシコやアメリカ南部で大きなサボテンの中に巣を作るサボテンフクロウだ。体重が四十グラムで、体長は十四センチ程度、小さな哺乳類や鳥を食べられるほど大きくないので、バッタやキリギリス、コオロギといった比較的大きな昆虫を餌にしている。カブトムシや蛾、蜘蛛、ムカデ、時にはサソリを食べることもある。大きな昆虫が植物にとまった時に捕まえるのだが、飛んでいるところを鉤爪や嘴を使って捕まえることもできる。人間の居住区に近いところに住んでいる場合、街灯などに引き寄せられる夜行性の昆虫の群れを狙うことが知られている。

サボテンフクロウは、フクロウにしては珍しく静かに飛ばない。これはおそらく、無脊椎動物を獲物にしているサボテンフクロウにとって静かに飛ぶということがそれほど必要ではないからだろう。もう一つ特徴的なのは、尾羽が十枚しかないという点だ。他のフクロウはたいてい十二枚ある。鳴き声に関しては、仔犬みたいにくんくん鳴いたり、哀れっぽい声を出したり、甲高く吠えたり、うなったりする。雄は巣を守るために攻撃的になることもあるが、雌は目を閉じて動きを止めて死んだふりをする。日中は特別な潜伏手段を持っていて、羽毛を体にぴったりと合わせてまっすぐに立ち、片方の翼を前に突き出し、顔盤を狭めてじっと動かずにいる。折れた枝や切株の真似をして見つからないようにしているのだ。

サボテンの中に巣を作るサボテンフクロウ（*Micrathene whitneyi*）は世界最小のフクロウ。

アナホリフクロウ

小さなアナホリフクロウもユニークな種で、肢が細長く、目は明るい黄色で、非常に姿勢がいい。北はカナダの草原地帯から南はアルゼンチンやチリのパンパに至るまで、南北アメリカのほぼ全土で見られる。こうした草原地帯だけでなく、砂漠や半砂漠地帯、最近では人間の活動領域であるたとえばゴルフコースや空港で見られることもある。

アナホリフクロウにはフクロウらしくない特徴がいくつかある。解剖学上、肢はフクロウのものというよりはニワトリのそれに近い。典型的なフクロウは肢の先端部分だけを見せて木の枝などにとまり、大部分は下腹部の羽毛に隠れていて見えないのだが、アナホリフクロウはほとんどを地上か地中で過ごすために異常に肢が長く、常にほぼ全体が露わになっている。振る舞いもフクロウ科としては変わっていて、地上に住む肉食獣たちの手が届かないように地面より高いところに巣やねぐらを作るのではなく、その名のとおり、地中の穴を住み処としている。自分たちで掘ることもあるが、たいていの場合はプレーリードッグやビスカーチャなど大型の齧歯動物の巣を拝借して住んでいる。

人口が急増し、古くからの生態バランスに人間が干渉するようになる前は、南北アメリカにはプレーリードッグと呼ばれるジリスがたくさん生息していた。二十世紀に入っても、場所によっては一億匹ほど生息しているところもあった。ジリスの穴はあらゆる方向に何キロも続いていて、小さなアナホリフクロウがねぐらにするには申し分なく、そこで繁殖を繰り返してきた。ジリスが有害動物とみなされて広大な範囲で絶滅に追いやられるようになると、アナホリフクロウもともに姿を消し、今日

地面に掘った穴の入り口にたたずむアナホリフクロウ。

では前世紀に比べてはるかに稀少となっている。

このフクロウと齧歯類の社会的な関係は複雑だ。それなりに無視し合いながら共生している地域もあれば、明らかに敵対しているところもある。古い民間伝承には、アナホリフクロウと齧歯類、そしてガラガラヘビがみな同じ穴の中で仲良く暮らしているとするものもあるが、こういうことはあり得ない。フクロウは齧歯類を追いやって穴を奪い、ガラガラヘビはあくまでも敵としてそこに存在する。

アナホリフクロウは地中の穴をねぐらとしても巣としても利用する。巣が少し変わっていて、大型の草食哺乳動物の糞を敷き詰めているのだ。これは他のフクロウには見られない工夫で、こうすることで雛のにおいを消し、においを頼りに獲物を探す肉食の敵から効果的に身を隠しているのだ。地中の穴で育てられる雛たちは、イタチやオポッサム、アナグマといった夜行性の肉食哺乳動物に襲われやすいため、これは重要な工夫だ。においを隠しきれなくて敵が巣の近くまで来てしまった場合、雛たちには身を守るために最後の手段が残されている。シューシューという音とガラガラと鳴る音を組み合わせた特別な警戒声を身につけているのだ。有毒のガラガラヘビの真似ができるのである。イタチや他の小さな肉食動物は暗い穴の中でそれ以上近づくことに二の足を踏み、おそらく引き返していく。もちろん、その肉食動物がガラガラヘビだった場合、この作戦も失敗に終わる。

アナホリフクロウは夜明けや夕暮れ時以外に日中も活動的で、フクロウの中では夜行性度が最も低い。日光が眩しい中でもトカゲや大型の昆虫を求めて狩りをする。地上に近いところで生活するのを好むだけあって、地面を走って獲物を追いかけることもある。フクロウ科としては珍しく、小動物だけでなく果実や種子も好んで食べる。地域によってはウチワサボテンなどサボテンの果実を食べる種もある。

典型的なフクロウが集団でいるところや群れているところを見ることはないが、この点でもアナホリフクロウは例外だ。たいてい十組以上が群れになって木にとまったり、巣を作っていたりする。生息数の多いところでは巣穴の外で複数の家族が集まっていることもあり、実に珍しいフクロウと言える。

飛べないフクロウ

フクロウの中で最も謎めいた種の一つは、絶滅したバハマオオフクロウ（*Tyto pollens*）だろう。これは準化石としてしか知られていない。アンドロス島メンフクロウ、バハマメンフクロウとも呼ばれている種で、今日のメンフクロウの仲間である。フクロウの中でも非常に大型で、体長は一メートルにも及び、最終的には飛べなくなったと言われている。バハマ諸島の中でも最大のアンドロス島の古い松林に生息し、穴を掘って巣を作っていた。十六世紀にヨーロッパ人がやって来た後も生き延びたのだが、森を伐採されるとあっという間に姿を消してしまった。

その存在は、鳥の姿をした小悪鬼にまつわる伝説を地元に生み出した。フクロウのような顔をして、目は燃えるように赤く、頭はぐるりと三六〇度回すことができ、手の指も足の指もそれぞれ三本ずつで、尾を使って木の枝からぶら下がるという。この島に初期に入植した者たちは、このいたずら好きの夜行性の小鬼をチックチャーニーと呼び、二本の松の木を上のほうで縛ってそこに巣を作っていたなどととっぴな物語を語り継いできた。アンドロス島を訪れた観光客は、花か明るい色の布を携帯するようにと言われる。この厄介な小鬼の機嫌を取り、危害を加えられたりからかわれたりすることのないようにという配慮だ。ちゃんと敬意さえ示していれば、残りの人生はずっと幸運に恵まれるが、もしそれを怠ると、頭を一回転させられて、ひどい不運に見舞われるという。現実の鳥を絶滅させてしまった地元の人々は、今はその亡霊を守ることに必死になっているようだ。

不思議なことに、チックチャーニーは第二次世界大戦のきっかけを作った張本人だと言われている。その理由はこうだ——のちに英国首相となるネヴィル・チェンバレンは、若い頃、農園を作るためにアンドロス島の森を伐採していて、松の木の高いところにチックチャーニーの巣を見つけた。地元の労働者たちはそれに触ることを拒否し、怖くなって逃げ出したのだが、チェンバレンは地元民の警告を無視してその木を自ら切り倒し、チックチャーニーの巣も壊してしまい、生涯を呪われる結果となった。彼がミュンヘンで悪名高い失敗をやらかし、第二次世界大戦が勃発するきっかけを作ったのは、この呪いのせいだというのだ。どう考えても、絶滅したフクロウの仕業にしては大きすぎる事件である。

6000万年前

化石により、この種の夜行性肉食鳥がすでに存在していたことが判明

3万年前

フランスのショーヴェ洞窟に最古のフクロウの絵が刻まれる

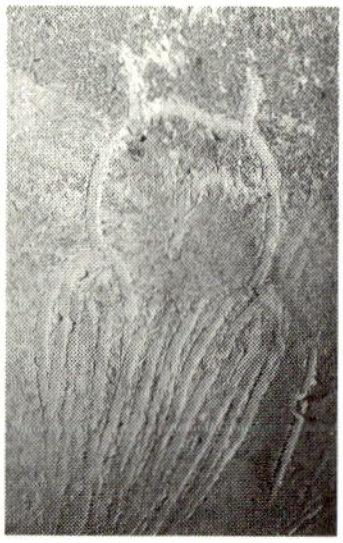

紀元前1898年

エジプト第十二王朝時代の棺にフクロウが描かれる

1508年

アルブレヒト・デューラーによる有名な水彩画

1797〜1799年

「理性の眠りは怪物を生む」（ゴヤ、エッチング）

1828年

オーデュボンが発表した『アメリカの鳥類』に十四種のフクロウの図版が掲載される

1920年代

A・A・ミルンの『くまのプーさん』に登場する賢いフクロウ「クフロウ」が不朽の名声をかちえる

1939年

ジェームズ・サーバーが『フクロウ、神なるもの』を著す

1946年

アンティーブに滞在中のピカソが、負傷したフクロウをペットとして譲り受ける

1950年代

ミック・サザンが、フクロウの摂餌生態に関する記念碑的研究に着手

1960年

イヌイットのアーティスト、ケノジュアクが彼女の代表作とも言える「魔法にかけられたフクロウ」（ストーンカット刷り）を制作

紀元前1200年

古代中国の殷王朝時代にブロンズのフクロウ像が作られる

紀元前7世紀

フクロウの形をしたギリシアの原コリント様式香油壺

紀元前400年〜紀元200年

ギリシア、アテナイの硬貨にフクロウがあしらわれる

13世紀

小鳥たちに群がられるフクロウの絵が動物寓話集に掲載される

1850年

フローレンス・ナイチンゲールがアテネで出会ったフクロウをペットとして飼うようになる

1867年

エドワード・リアのナンセンス詩で、海に出かけるフクロウと仔猫が描かれる

1900年

シェフィールド・ウェンズデイFCが「アウルズ」という愛称で知られるようになる

1962年

フクロウは真っ暗闇の中でも聴覚だけを頼りに獲物の位置を知ることができることを、ロジャー・ペインが証明する

2001年

映画「ハリー・ポッター」シリーズの第一作にシロフクロウのヘドウィグが登場

2005年

トレイシー・エミンが自身をフクロウに見立てたエッチング「コキンメフクロウ——自画像」を制作

2006年

土地開発業者からフクロウを守ろうと奮闘する映画「フート」が公開される

訳者あとがき

二〇〇七年にヘルシンキで行なわれていたサッカーの試合中、ワシミミズクがピッチに降り立ったために試合が中断したというエピソードが本書でも紹介されていますが、二〇一一年三月には、コロンビアリーグの試合中に、ディフェンダーがクリアしたボールがフクロウに当たり、ピッチに横たわるフクロウをタッチラインの外に蹴り出そうとして死なせてしまった選手が大ブーイングを浴び、二試合の出場停止と一〇七万二〇〇〇コロンビア・ペソ（約四万五〇〇〇円）の罰金処分を受けたというニュースがありました。このフクロウはスタジアムの屋根の下に棲みついていて、ホームチーム（アトレティコ・ジュニオール）のマスコット的存在だったということです。コロンビアリーグの規律委員会はその点も踏まえて、フクロウを蹴飛ばした行為は「挑発行為」とみなされてしかるべきと判断したのです。同選手は動物園でフクロウに関する講習を受け、月に一度は動物園でボランティア活動をすることを約束したという報道もありました。

今も昔もフクロウが人類にとって気になる存在だということは変わらないようで、それは数万年前の壁画にバイソンや鹿、馬などと一緒に描かれていることからも分かります。鹿や馬と違って人間にとって食糧となっていたわけではないフクロウがこれらの動物と一緒に描かれているのは、興味深い事実です。人間と動物の付き合いは日々の暮らしにおける密接さによるものだけでなく、何かもっと精神的な面で、さまざまな象徴として貢献してきたことの表われと言えるのかもしれません。幸運を運ぶ鳥とする一方で死の前兆だとする言い伝えが未だ残っていたり、賢い鳥と見なされていたかと思うと邪悪だとして嫌悪されていたり、死をもたらすものと思われていたり、守り神とされていたり、夜行性の肉食鳥であるフクロウは夜盗か吸血鬼と同じだ、昼に目が見えないということは頑固な証拠だ、表情が変わらないのは賢い鳥だからに違いない……、といったように、古くからフクロウに対する人間の好奇心は尽きません。その過程で実態とは無関係な属性も生じ、たとえばフクロウは生物学的には知的ではないと今では判っているにもかかわらず、その佇まいから賢い存在だという認識が定着してしまっているなど、その象徴性において一貫して矛盾しているというのもフクロウの面白いところです。そもそも、頭の形や目の表情が人間に似ているためにどうしても親近感を抱いてしまうということが、人間とフクロウの関わり合いの始まりとされています。親近感を抱いているにもかかわらず、活動は夜に限定され、しかも音も立てずに飛翔するために不気味さを拭い去れず、よく分からない存在だからこそ気になるという、そうなるともはや離れたくても離れられない腐れ縁のようなものさえ感じます。

また、描きやすい姿かたちのおかげでたくさんの絵画やデザインが残されていて、十七世紀には生命や人生の儚さを表現する「ウァニタス」という絵画ジャンルが確立されるなど、人類の文化的発展にも大きく寄与しています。当のフクロウは気づいていないかもしれませんが、人間の世界では大変忙しくたくさんの役割を果たしてくれているのです。

本書では、フクロウの生態については第九、十章に詳しく、それ以外の章では古今東西における人類とフクロウの関係が、神話や象徴、文学、芸術などの側面からたっぷりと紹介されており、古くから人類とかかわり合ってきた、あるいは人類の想像力に付き合ってきてくれたフクロウのさまざまな側面が浮き彫りになっています。

本書はデズモンド・モリス著、*Owl*（Reaktion Books, 2009）の全訳です。聖書からの引用は日本聖書協会聖書の訳を、シェイクスピア『マクベス』『真夏の夜の夢』『ヘンリー六世』『ジュリアス・シーザー』は白水uブックスの小田島雄志訳をそれぞれ参考にさせていただきました。

作者のデズモンド・モリスは一九二八年生まれのイギリスの動物学者で、バーミンガム大学、オックスフォード大学大学院で動物行動学を学び、ロンドン動物園では鳥類学研究部門長を務めました。『人間動物園』（*The Human Zoo*, 1969）や、『マン・ウォッチング——人間の行動学』（*Manwatching: A Field Guide to Human Bahabiour*, 1977）、『舞い上がったサル』（*The Human Animal*, 1994）など、動物行動学の見地から現代社会に警鐘を鳴らす著書が多数あります。その中でも『裸のサル——動物学的人間像』（*The Naked Ape*, 1967）はベストセラーになりました。

最近ではフクロウの保護団体の活動が活発になったおかげで丁重に扱われるようになってきているようですが、それでも二〇〇種あると言われるフクロウのうち十七種は絶滅危惧種に指定されています。生息地である森が減少し、餌となる小動物が抗病虫害剤によって減少するなど、フクロウにとって快適な環境が戻ってきているとは言えません。にもかかわらず一八〇種以上が低危険種ということは、厳しい環境でも頼もしく生き抜く力を持っていることを証明しています。イメージに惑わされず、実態を正しく認識し、我々が親近感を覚えてやまないフクロウとこれからも長きにわたって共存していくためにも、本書で取り上げられている幅広く豊富で有意義な情報をぜひ参考にしていただきたいと思います。

数年前の冬、和歌山県の山村を歩いていて、刈田に立つ杭の上に一羽のフクロウがとまっているのを見たことがあります。海沿いの国道を逸れて、背の高い杉や檜に囲まれて鬱蒼とした山道を通り、四方を山に囲まれたところにあって、特に冬場は一日のうち日の当たる時間がかなり短いと思われる地域です。銃声も頻繁に聞こえていました。集落の中を小川が流れ、水が冷たそうでした。普段はほとんど人の通らない時間帯に歩く人間に気がついたのか、フクロウはぐるりと頭を回してこちらを向きました。ぼくもその動きが目に入り、遠くのほうにとまっていたフクロウに気がつきました。目が合ったように思ったのは気のせいかもしれませんが、危害を加えるつもりがないことは分かってもらえた気がしました。フクロウはまたぐるりと頭を戻してしばらくは杭の上にとまっていたのですが、やがて大きな翼を広げて山のほうに飛び立っていきました。それだけのことですが、ふわふわとした不思議な気分になったことを今でも覚えています。

何かと慌ただしい現代社会にあって、人類と共に長い時間を過ごしてきたフクロウに思いを馳せる時間が少しあってもいいと思います。そういう一服の清涼剤のような本書を翻訳する機会を与えてくださった白水社の皆さまに感謝します。特に編集部の金子ちひろさんにはお世話になりました。本書を読んで下さった読者の皆さま、ありがとうございました。科学が発達してどれだけのことが解明されても、認識に矛盾が生じるところにフクロウの魅力はあるのだと思います。自分たちもそういう奥深い自然の一部なのだということを忘れずにいたいと思います。

二〇一一年九月

伊達淳

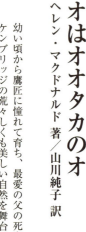

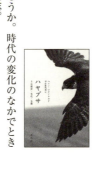

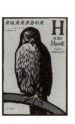

訳者略歴

伊達淳［だて・じゅん］
一九七一年生まれ。和歌山県那智勝浦町出身。関西学院大学商学部、東京外国語大学欧米第一課程卒業。
主要訳書として、B・オキャロル『マミー』、B・ブルンナー『熊　人類との「共存」の歴史』、『サルその歴史・文化・生態』、T・エンジェル『フクロウの家』（以上、白水社）、B・オキャロル『チズラーズ』、『グラニー』（以上、恵光社）、B・クラウス『野生のオーケストラが聴こえる——サウンドスケープ生態学と音楽の起源』（みすず書房）がある。

フクロウ　その歴史・文化・生態［新装版］

二〇一九年二月一五日　印刷
二〇一九年三月一〇日　発行

著　者　デズモンド・モリス
訳　者 ©　伊　達　　淳
発行者　及　川　直　志
印刷所　大日本印刷株式会社
発行所　株式会社　白　水　社

東京都千代田区神田小川町三の二四
電話　営業部〇三（三二九一）七八一一
　　　編集部〇三（三二九一）七八二一
振替　〇〇一九〇 - 五 - 三三二二八
郵便番号　一〇一 - 〇〇五二
www.hakusuisha.co.jp

乱丁・落丁本は、送料小社負担にてお取り替えいたします。

株式会社松岳社

ISBN978-4-560-09692-5

Printed in Japan

索引

ハ行

マ行

図版の権利について

下記図版の使用許可および（もしくは）複写許可に著者、出版社ともに感謝します（キャプションには省略した情報も掲載しています）。

Illustration © ADAGP, Paris and DACS, London 2009: p.141; from Eleazar Albin, *Natural History of Birds* (London, 1731): p.4; from Andrea Alciati, *Emblemata* (Paris, 1584): p.64; from Ulysses Aldrovandus, *Ornothologia*, Book VIII, from *Opera Omnia* (Bologna, 1656): pp.159, 162, *18* (right); photo © Arte & Immagini srl/CORBIS: p.180; photo Yann Arthus-Bertrand/Ardea.com: p.164; author's collection: pp.6, 23, 24, 31, 49, 53, 61 (foot), 68, 69, 70, 71, 74, 101, 102, 108, 109, 112, 113, 114, 117 (upper left), 144, 159, 162, *18*; photo J. Bain: p.61 (top); photo © NCBateman1/BigStockPhoto: p.167 (foot); photo Elizabeth Bomford/Ardea.com: p.163; British Museum, London (photos © Trustees of the British Museum): pp.18, 42; reproduced by permission of the artist (Claudia at Frith Street Tattoo, London) and Linsay Trerise: p.117 (upper right); photo Tom Cooker: p.156 (foot); photo Jerry DeBoer: p.183; photo Mike Debreceni: p.195; photo David Duncan Douglas: p.136; photo Thomas Dressler/Ardea.com: p.152; reproduced by kind permission of the artist (Tom Duimstra): p.144; reproduced by kind permission of the Edmonton Summer Universiade Committee: p.76 (top); photo Jonker Fourie: p.146; Galleria Delvecchio, Toronto: p.35 (top right); by kind permission of Girlguiding UK: p.72; photos courtesy Glasgow University Library (Department of Special Collections): pp.64, 65, 67; from John Gould, *The Birds of Great Britain*, vol. IV (London, 1873): pp.*19* (right), *22* (left), Graphisches Sammlung Albertina, Vienna: p.126; photos Doak Heyser: p.34; photo © Holger Hollemann/epa/Corbis: p.156 (top); photo John and Karen Hollingsworth/us Fish and Wildlife Service: p.154; photo © Hulton-Deutsch Collection/CORBIS: p.50; photo © karmaamarande/BigStockPhoto: p.172; photo Albert W. Kerr: p.178; reproduced by kind permission of Monika Kirk: p.117 (foot); photo Rolf Kopfle/Ardea.com: p.163; photo © madscotsman/BigStockPhoto: p.151; from Saverio Manetti, *Ornithologia Methodice Digesta atque Iconibus Aeneis.* Vol. I (Florence, 1767): pp.*19* (left), *22* (right); photo © Mary Evans Picture Library: p.46; reproduced by kind permission of Leeds City Council: pp.77 (top), 78; reproduced by permission of the artist (Andrew Mass): p.74; photos © Toby Melville/Reuters/Corbis: pp.89, 90; photo Stefan Meyers/Ardea.com: p.189; from Georgette de Montenay, *Emblematum Christianorum centuria* (Zurich, 1584): p.67; Musée des Beaux-Arts, Dijon: p.45; Musée du Louvre, Paris: p.26; Musée Municipal, Saint-German-en-Laye: p.121; Musée Picasso, Antibes: p.137 (foot); Musée Picasso, Paris: p.139; Musées Royaux des Beaux-Arts, Brussels: p.141; Museo degli Argenti, Florence:

p.180; Museo Tumbas Reales de Sipán, Lambayeque, Peru: p.35 (top left); Museum of Fine Arts, Boston: p.20 (top); Museum of Modern Art, New York (digital image © 2009 The Museum of Modern Art, New York/Scala, Florence): p.143; reproduced by kind permission of Nagano City Archive: p.77 (foot); photo Michael A. Pancier: p.167 (top); from Guillaume de la Perriére, *Morosophie* (Lyons, 1553): p.65; courtesy Christopher Pinney: p.52; Prado Museum, Madrid: pp.122, 123, 124; private collection: p.135; Provincial Museum, Victoria, BC, Canada: p.106; photo Nigel Pye: p.161; photo © Niel Rabinowitz/Corbis: p.105; photo Sid Roberts/Ardea.com: p.168; Bacilica di San Lorenzo, Florence: p.128; reproduced by kind permission of Sheffield Wednesday Football Club: p.76 (foot); © The Estate of E. H. Shepard, reproduced with permission of Curtis Brown Group Ltd., London: p.94; photo Michel Sima: p.137 (top); © Succession Picasso/DACS 2009: pp.135, 136, 137, 139; photo by Terras Photography <www.terrasphotography.co.uk>: p.59; University Library, Cambridge: p.7; photo © wallbanger/BigStockPhoto: p.157; photo M. Watson/Ardea.com: p.174; Werner Forman Archive: p.106; © West Baffin Eskimo Co-operative Ltd, Cape Dorset, Nunavut, Canada: pp.112, 113; photo Stephen White, courtesy Jay Jopling/White Cube (London) – © Tracey Emin, all rights reserved, DACS 2009: p.148; from George Wither, *A Collection of Emblemes, Ancient and Moderne: quickened with metricall Illustrations, both morall and divine*...(London, 1635): pp.49, 68, 69, 70, 71; photos Jim Zipp/Ardea.com: pp.173, 193; photos © Zoological Society of London: pp.*19, 22, 23*.

関連団体およびウェブサイト

THE BARN OWL CENTRE OF GLOUCESTERSHIRE
www.barnowl.co.uk/
生息地を必要としているフクロウに保護区を提供する団体。

BOCN—THE BARN OWL CONSERVATION NETWORK
www.bocn.org/
専門家たちがボランティアでアドバイスをするイギリスの団体。メンフクロウの生息地を創出する計画を全国的に促進している。

THE BARN OWL TRUST
www.barnowltrust.org.uk/
イギリスにおけるメンフクロウの保護活動の中心的存在。

BURROWING OWL CONSERVATION SOCIETY OF BC
http://burrowingowlbc.org/
カナダ、ブリティッシュコロンビア州。

BURROWING OWL PRESERVATION SOCIETY
http://burrowingowlpreservation.org/
アメリカ、カリフォルニア。

COTSWOLD OWL RESCUE TRUST
www.owlrescue.supanet.com/
健全な遺伝子プールを確保するための保護プロジェクト。

HEREFORD OWL RESCUE
www.herefordowlrescue.co.uk/
種を問わず、危機に瀕するフクロウ、嫌悪されているフクロウの面倒を見ている団体。

THE HUNGRY OWL PROJECT
www.hungryowl.org/

2002年にカリフォルニア、マリン郡で設立。自然界に生息する肉食動物の利用、継続可能な代替手段に関する情報提供などにより、有害な病虫害防除剤の使用の減少を目的とした団体。

INTERNATIONAL OWL SOCIETY
www.international-owl-society.com/
フクロウに関心のある者のための世界的フォーラムを主催。

THE OWL FOUNDATION
www.theowlfoundation.ca/
カナダに生息するフクロウを自然に帰すためのセンターを経営する保護団体。繁殖環境にあって回復不能な怪我をした野生のフクロウの行動観察も行なう。

The Global Owl Project（GLOW）
www.globalowlproject.com/
分類、保護の観点から世界のフクロウを救うため、世界中で長期にわたる計画を実行する団体。

THE OWL PAGES
www.owlpages.com
フクロウに関するあらゆる情報の普及に努めるオーストラリアのウェブサイト。

OWL RESCUE
www.owlrescue.co.uk/
フクロウに関することなら何でも提供している情報サイト。

WILD OWL
www.wildowl.co.uk/
2006年の春に始まったフクロウの保護プロジェクト。

WORLD OF OWLS
www.worldofowls.com
全世界でフクロウが生存していけるように活動を続ける北アイルランドの団体。

WORLD OWL TRUST
www.owls.org/

www.worldowltrust.org/

フクロウの保護に関して世界をリードする団体。主な目的は、世界中のフクロウの保護、科学的調査の推進、生息地の創出と回復。本部は World Owl Centre, Muncaster Castle, Ravenglass,Cumbria CA18 1RQ にある。

www.muncaster.co.uk/world-owl-centre

参考文献

Armstrong, Edward, *The Life and Lore of the Bird* (New York, 1975)

——, *The Folklore of Birds* (London, 1958)

Backhouse, Frances, *Owls of North America* (Richmond Hill, ON, 2008)

Berger, Cynthia, *Owls* (Mechanicsburg, PA, 2005)

Breeze, Dilys, *Everything You Wanted to Know About Owls* (London, 1998)

Bunn, D. S. et al., *The Barn Owl* (Calton, Staffs, 1982)

Burton, J. A., *Owls of the World* (London, 1984)

Cenzato, Elena and Fabio Santopietro, *Owls: Art, Legend, History* (New York, 1991)

Clair, Colin, *Unnatural History* (New York, 1967)

Everett, M. J., *A Natural History of Owls* (London, 1977)

Grossman, Mary Louise and John Hamlet, *Birds of Prey of the World* (London, 1965)

Gruson, Edward S., *A Checklist of the Birds of the World* (London, 1976)

Holmgren, Virginia C., *Owls in Folklore and Natural History* (Santa Barbara, CA, 1988)

Hume, Rob, *Owls of the World* (Limpsfield, Surrey, 1991)

Johnsgard, P. A., *North American Owls—Biology and Natural History* (Washington, DC, 1988)

Kemp, A. and S. Calburn, *The Owls of Southern Africa* (Cape Town, 1987)

Konig, Claus and Friedhelm Weick, *Owls of the World* (London, 2008)

Konig, Claus, Friedhelm Weick and J. -H. Becking, *Owls: A Guide to the Owls of the World* (New Haven, CT, 1999)

Long, Kim, *Owls, a Wildlife Handbook* (Boulder, CO, 1998)

Lynch, Wayne, *Owls of the United States and Canada* (Baltimore, MD, 2007)

Medlin, Faith, *Centuries of Owls in Art and the Written Word* (Norwalk, CT, 1968)

Mikkola, Heimo, *Owls of Europe* (London, 1983)

Peeters, Hans, *A Field Guide to Owls of California and the West* (Barkley, CA, 2007)

Scholz, Floyd, *Owls* (Mechanicsurg, PA, 2001)

Shawyer, Colin, *The Barn Owl* (London, 1994)

——, *The Barn Owl in the British Isles: Its Past, Present and Future* (London, 1987)

Sparks, John and Tony Soper, *Owls: Their Natural and Unnatural History* (New York, 1970)

Taylor, Iain, *Barn Owls* (Cambridge, 2004)

Voous, Karel H., *Owls of the Northern Hemisphere* (London, 1988)

Weick, Friedhelm, *Owls Strigiformes: Annotated and Illustrated Checklist* (Berlin, 2006)

Weinstein, Krystyna, *The Owl in Art, Myth, and Legend* (London, 1990)

原注

第一章　有史以前のフクロウ

(1) Jean-Marie Chauvet et al., *Chauvet Cave: The Discovery of the World's Oldest Paintings* (London, 1996), pp.48-9.
(2) Abbé H. Breuil, *Four Hundred Centuries of Cave Art* (Montignac, Dordogne, 1952), pp.159 and 162, fig.123.
(3) Ann and Gale Sieveking, *The Caves of France and Northern Spain* (London, 1962), p.188.
(4) Rosemary Powers and Christopher B. Stringer, 'Palaeolithic Cave Art Fauna', *Studies in Speleology*, II / 7-8 (November 1975), pp.272-3.

第二章　古代のフクロウ

(1) Edward Terrace, *Egyptian Paintings of the Middle Kingdom* (London, 1968), p.26.
(2) Faith Medlin, *Centuries of Owls* (Norwalk, CT, 1967) p.16.
(3) Virginia C. Holmgren, *Owls in Folklore and Natural History* (Santa Barbara, CA, 1988), p.31.
(4) Edward A. Armstrong, *The Folklore of Birds* (London, 1958), p.119.
(5) C. Plinius Secundus, *The Historie of the World. Commonly called The Naturall Historie* (London, 1635), Tome I, Bk x, pp. 276-7.
(6) Robert W. Bagley, *Shang Ritual Bronzes* (Cambridge, MA, 1987), pp.114-16, figs 152-6.
(7) Elizabeth P. Benson, *The Mochica: A Culture of Peru* (London, 1972), p.52.

第三章　フクロウの薬効

(1) John Swan, *Speculum Mundi* (Cambridge, 1643), p.397.

第四章　象徴としてのフクロウ

(1) Richard Barber, *Bestiary* (Woodbridge, Suffolk, 1993), p.149.

(2) Sir Walter Scott, *A Legend of Montrose* (London, 1819), chap.6. (ウォルター・スコット『モントローズ奇譚』島村明訳、松柏社)
(3) George Wither, *A Collection of Emblemes, Ancient and Moderne* (London, 1635), Bk 4, illus. XLV, p.253.
(4) Faith Medlin, *Centuries of Owls* (Norwalk, CT, 1967), p.46.
(5) E. L. Sambourne, *Punch* (10 April 1875).

第五章　エンブレムになったフクロウ

(1) Andrea Alciati, *Emblematum Liber* (Augsberg, 1531). (アンドレーア・アルチャート『エンブレム集』伊藤博明訳、ありな書房) エンブレム集として初となるこの本は大人気を博し、一五〇版を重ね、最後の版が出版されたのは18世紀に入ってから (マドリード、1749年) である。ジョン・F・モフィットによる英訳の最も新しい版 (2004年) には、1549年版に収録されていた挿画も掲載された。
(2) Guillaume de la Perriére, *Morosopie* (Lyons, 1553), printed by Macé Bonhomme.
(3) Georgette de Montenay, *Emblematum Christianorum centuria* (1584).
(4) George Wither, *A Collection of Emblems, Ancient and Moderne* (London, 1635), Bk 1, illus. IX, p.9.
(5) 同上。Bk 2, illus. I, p.63.
(6) 同上。Bk 2, illus. XVII, p.79.
(7) 同上。Bk 3, illus. XXXIV, p.168.

第六章　文学におけるフクロウ

(1) Lady Parthenope Verney, *Life and Death of Athena, an Owlet from the Parthenon* (privately printed, 1855). のちにフローレンス・ナイチンゲールの生誕一五〇周年を記念して、*Florence Nightingale's Pet Owl, Athena: A Sentimental History* (San Francisco, 1970)として復刊。
(2) Lewis Carroll, *Alice's Adventures in Wonderland* (London, 1965), illus. to chap.3. (ルイス・キャロル『不思議の国のアリス』邦訳多数)

第七章　部族にとってのフクロウ

(1) Norman Bancroft-Hunt, *People of the Totem: The Indians of the Pacific Northwest* (London, 1979), p. 97.

(2) Jean Blodgett, *Kenojuak* (Toronto, 1985).
(3) W. T. Larmour, *The Art of the Canadian Eskimo* (Ottawa, 1967), p.16.

第八章　フクロウと芸術家

(1) Jacques Combe, *Jheronimus Bosch* (London, 1946), p.10.
(2) 同上。p.21.
(3) Wilhelm Fraenger, *Hieronymus Bosch* (Amsterdam, 1999), p.201.
(4) Mario Bussagli, *Bosch* (New York, 1967), p.10.
(5) Fraenger, *Hieronymus Bosch*, p.44.
(6) Herbert Read, *Hieronymus Bosch* (London, 1967), p.5.
(7) Fraenger, *Hieronymus Bosch*, p.116.
(8) Colin Eisler, *Dürer's Animals* (Washington, DC, 1991), pp.83-5.
(9) Mario Salmi et al., *The Complete Works of Michelangelo* (London, 1966), fig. 91, p.119.
(10) Philip Hofer, *The Disasters of War by Francisco Goya* (New York, 1967).（Real Academia de Nobles Artes de San Fernando 刊『戦争の惨禍』1863年の初版の復刊）Plate 73: Gatesca pantomima.
(11) Vivien Noakes, *Edward Lear, 1818-1888* (London, 1985), plate 10g, pp.27 and 86.
(12) David Duncan Douglas, *Viva Picasso* (New York, 1980), pp.86-7.
(13) Gertje R. Utley, *Picasso: The Communist Years* (New Haven, CT, 2000), p.160, fig.130.
(14) Evelyn Benesch et al., *René Magritte: The Key to Dreams* (Vienna, 2005), p.168.
(15) David Sylvester, *René Magritte, Catalogue Raisonné* (London, 1993), vol. II, p.340.
(16) Silvano Levy, 29 October 2008. 個人的交流より。
(17) Dorothy C. Miller, *Americans, 1942* (New York, 1942), p.56.
(18) Krystyna Weinstein, *The Owl in Art, Myth, and Legend* (London, 1985), p.59.

第九章　典型的なフクロウ

(1) Gordon Lynn Walls, *The Vertebrate Eye* (New York, 1967), p.212.
(2) ペレットは以下のサイトで入手可。ワシントン州のpelletsinc.comかpellet.comもしくはpellet-lab.com／カリフォルニア州のowlpellets.com／ニューヨーク州のowlpelletkits.comにて。
(3) Aristotle, *Historia Animalium*（ダーシー・ウェントワース・トンプソンによる英訳版、Oxford, 1910）, vol. IV, p.609.（アリストテレス『動物誌』島崎三郎訳、岩波文庫）
(4) C. Pliny Secundus, *The Naturall Historie* (London, 1635), Tome I, Bk 10, ch. XVII,

p.277.（プリニウス『プリニウスの博物誌』中野定雄・中野里美・中野美代訳、雄山閣出版）

(5) Ann Payne, *Medieval Beasts* (London, 1990), p.73.

付録

(1) Conrad Gesner, *Icones Avium* (Zürich, 1560), pp.14-17.

(2) Ulyssis Aldrovandi, *Opera Omnia* (Bologna, 1638-68), Libri XII, *Ornithologiae* (1646), pp.498-570.

付録　フクロウの分類

フクロウを科学的に分類しようとした最初の試みの一つは、紀元77年、大プリニウスによるものである。『博物誌』の第十巻で、彼はフクロウを、コキンメフクロウ、ワシミミズク、コノハズクの３種に分類している。16世紀、1560年には、コンラート・ゲスナーがこれを４種に増やす(1)。17世紀になる頃には、ウリッセ・アルドロヴァンディによる13巻から成る大著『自然誌』で11種にまで増え、そのすべてが大型の素晴らしい木版画として掲載されている(2)。これがきっかけとなって、フクロウの種を分類して図版も掲載し、それぞれの違いについて科学的な観点からきちんと言及しようという試みがなされるようになる。だが、それまで闇に包まれていた地域に動物学者が足を踏み入れ、のちに自然史博物館の地下室を埋め尽くすほどの標本を集めるようになるのは19世紀に入ってからのことである。20世紀に入ってもこの作業は精力的に継続されていたが、どれだけ恐れ知らずの探検科学者であっても大型の新種に出会うことがだんだん困難になってくる。それでも時には見つかることもあり、ここ数年でも新種のフクロウが発見されている。

実際に何種のフクロウが存在するのかという点に関しては、今日の専門家たちの間でも意見は大きく分かれている。150種程度だという者もいれば、220種はいるという者もいる。これだけの相違が生じる大きな理由の一つとしては、多くのフクロウは小さな島に生息していて、近隣の本土に生息するよく似た種と若干違った性質を発達させているということが挙げられる。そうなると、離れた島に住むこれらのフクロウを別個の種とみなすか否かは好みの問題となってくるのだ。たとえば、インド洋に浮かぶアンダマン諸島にはメンフクロウの一種が生息しているが、これは本土で見られるものよりもかなり小さい。しかしこれらの２種が野生の環境で出会うことはまずないため、万が一、出会った時に自由に交配を行なうのか、まったく別個の存在であり続けるのかということは分かりようがない。そのため、純粋に別種なのかどうかということは推量するしかないのだ。実証的な動物学者であればこういう場合は同じ種とするだろうが、熱心な保護論者は別の種に分類するだろう。そうすることで、緊急に保護策を講じる必要のある希少種として認定することができるからだ。

どちらの考え方も尊重し、バランスを取るために次のような分類がなされている。純粋な種として約200種を認めるものである。可能な限り最新の情報であり、21世紀になって発見された種もいくつか含まれている。

フクロウ目（198種）

メンフクロウ科（15種）

メンフクロウ属

ススイロメンフクロウ	*Tyto tenebricosa*	オーストラリア、ニューギニア
ミナハサメンフクロウ	*Tyto inexspectata*	スラウェシ島北部
スラメンフクロウ	*Tyto nigrobrunnea*	スラ諸島、モルッカ諸島
コメンフクロウ	*Tyto sororcula*	タニンバル諸島、小スンダ列島
マヌスメンフクロウ	*Tyto manusi*	アドミラルティ諸島マヌス島
ニューブリテンメンフクロウ	*Tyto aurantia*	ニューブリテン島
オオメンフクロウ	*Tyto novaehollandiae*	オーストラリア区、ニューギニア
セレベスメンフクロウ	*Tyto rosenbergii*	スラウェシ島（旧セレベス島）
マダガスカルメンフクロウ	*Tyto soumagnei*	マダガスカル島
メンフクロウ	*Tyto alba*	世界各地
イスパニオラメンフクロウ	*Tyto glaucops*	ハイチ、ドミニカ共和国
ミナミメンフクロウ	*Tyto capensis*	アフリカ
ヒガシメンフクロウ	*Tyto longimembris*	南アジア、オーストラリア区

ニセメンフクロウ属

コンゴニセメンフクロウ	*Phodilus prigoginei*	コンゴ盆地、アフリカ
ニセメンフクロウ	*Phodilus badius*	アジア

フクロウ科（183種）

オオコノハズク属

ニシアメリカオオコノハズク	*Megascops kennicotti*	アメリカ北西部、メキシコ
バルサスオオコノハズク	*Megascops seductus*	メキシコ
クーパーコノハズク	*Megascops cooperi*	アメリカ中西部
ヒガシアメリカオオコノハズク	*Megascops asio*	アメリカ北東部
ヒゲコノハズク	*Megascops trichopsis*	アリゾナ、中央アメリカ
スピックスコノハズク	*Megascops choliba*	中央アメリカ、南アメリカ

ミミズク（ウリッセ・アルドロヴァンディ『自然誌』1656年より、「鳥類学論」第8巻）

メンフクロウ（コンラート・ゲスナー『水棲動物図譜』、1560年）

ペルーオオコノハズク	*Megascops koepckeae*	ボリビア、ペルー
シロエリオオコノハズク	*Megascops roboratus*	エクアドル、ペルー
パナマオオコノハズク	*Megascops clarkii*	コスタリカ、パナマ、コロンビア
ヒゲオオコノハズク	*Megascops barbarus*	グアテマラ、メキシコ南部
アンデスオオコノハズク	*Megascops ingens*	ベネズエラからボリビアにかけて
コロンビアオオコノハズク	*Megascops colombianus*	コロンビア、エクアドル
（和名なし）	*Megascops petersoni*	エクアドル、ペルー
アンデスコノハズク	*Megascops marshalli*	ペルー
チャバラオオコノハズク	*Megascops watsonii*	アマゾン盆地、南アメリカ
ズグロオオコノハズク	*Megascops atricapillus*	アメリカ南東部
ハラグロオオコノハズク	*Megascops guatemalae*	メキシコからアルゼンチン北西部にかけて
ホイオオコノハズク	*Megascops hoyi*	アルゼンチン、ボリビア
ミミナガオオコノハズク	*Megascops sanctaecatarinae*	アルゼンチン、ブラジル
プエルトリコオオコノハズク	*Megascops nudipes*	カリブ諸島
ノドジロオオコノハズク	*Megascops albogularis*	北アンデス

ワシミミズク（サヴェリオ・マネッティ『鳥類学』第1巻、フィレンツェ、1767年）

コキンメフクロウ（ジョン・グールド『イギリス鳥類図譜』第4巻、1873年）

コノハズク属

ハナジロコノハズク	*Otus Sagittatus*	東南アジア
アカチャコノハズク	*Otus rufescens*	東南アジア
アカヒメコノハズク	*Otus icterorhynchus*	西アフリカ
ハイイロコノハズク	*Otus ireneae*	ケニア
アンダマンコノハズク	*Otus balli*	アンダマン諸島
タイワンコノハズク	*Otus spilocephalus*	アジア
セレンディブコノハズク	*Otus thilohoffmanni*	アジア
ムンタワイコノハズク	*Otus umbra*	シムルエ島、スマトラ島
ジャワコノハズク	*Otus angelinae*	ジャワ島
セレベスコノハズク	*Otus manadensis*	スラウェシ島
サンギヘコノハズク	*Otus collari*	サンギヘ諸島、スラウェシ島
ルソンコノハズク	*Otus longicornis*	フィリピン、ルソン島
ミンドロコノハズク	*Otus mindrorensis*	フィリピン、ミンドロ島
ミンダナオコノハズク	*Otus mirus*	フィリピン、ミンダナオ島
サントメコノハズク	*Otus hartlaubi*	サントメ・プリンシペ共和国
サバクミミズク	*Otus brucei*	中東から中央アジアにかけて
アメリカコノハズク	*Otus flammeolus*	アメリカ北西部、中央アメリカ
ヨーロッパコノハズク	*Otus scops*	ユーラシア
アフリカコノハズク	*Otus senegalensis*	サハラ砂漠以南のアフリカ諸国

コノハズク	*Otus sunia*	南アジア、東アジア
ニコバルコノハズク	*Otus sunia*	ニコバル諸島
リュウキュウコノハズク	*Otus elegans*	南西諸島（日本）、台湾、ルソン島
ボルネオコノハズク	*Otus mantananensis*	フィリピン、マレーシア
フロレスコノハズク	*Otus alfredi*	フローレス島
（和名なし）	*Otus siaoensis*	シャウ島、スラウェシ島、インドネシア
エンガノコノハズク	*Otus enganensis*	スマトラ島、エンガノ島
セーシェルコノハズク	*Otus insularis*	セイシェル共和国、マヘ島
ビアクコノハズク	*Otus beccari*	ビアク島、ヘールヴィンク湾、パプア島
マダガスカルコノハズク	*Otus rutilus*	マダガスカル島
ペンバオオコノハズク	*Otus pembaensis*	タンザニア、ペンバ島
アンジュアンコノハズク	*Otus capnodes*	インド洋、コモロ諸島、アンジュアン島
（和名なし）	*Otus madagascariensis*	西マダガスカル
（和名なし）	*Otus mayottensis*	インド洋、コモロ諸島
コモロコノハズク	*Otus moheliensis*	インド洋、コモロ諸島、モヘリ島
コモロコノハズク	*Otus pauliani*	インド洋、グランドコモロ島
ラジャーオオコノハズク	*Otus brookii*	スマトラ島、ジャワ島、ボルネオ島
ヒガシオオコノハズク	*Otus bakkamoena*	南アジア、東アジア、インドネシア、日本
メンタワイオオコノハズク	*Otus mentawi*	インドネシア、西スマトラ、ムンタワイ
パラワンオオコノハズク	*Otus fuliginosus*	フィリピン
ルソンオオコノハズク	*Otus megalotis*	フィリピン、ルソン島
フロレスオオコノハズク	*Otus silvicola*	スンダ列島、フローレス島、スンバワ島
アフリカオオコノハズク	*Otus leucotis*	サハラ砂漠以南のアフリカ諸国
カキイロコノハズク	*Otus podarginus*	パラオ諸島

ユビナガフクロウ属

ユビナガフクロウ	*Gymnoglaux lawrencii*	キューバ

オニコノハズク属

オニコノハズク	*Mimizuku gurneyi*	フィリピン

ワシミミズク属

シロフクロウ	*Bubo scandiaca*	北極地方
アメリカワシミミズク	*Bubo virginianus*	南北アメリカ
ワシミミズク	*Bubo bubo*	ヨーロッパ、アジア
ミナミワシミミズク	*Bubo bengalensis*	南アジア
キタアフリカワシミミズク	*Bubo ascalaphus*	北アフリカ、中東
イワワシミミズク	*Bubo capensis*	東アフリカ、南アフリカ
アフリカワシミミズク	*Bubo africanus*	アラビア半島、サハラ砂漠以南のアフリカ諸国
コヨコジマワシミミズク	*Bubo poensis*	西アフリカ
ウサンバラワシミミズク	*Bubo vosseleri*	タンザニア
ネパールワシミミズク	*Bubo nipalensis*	インド、東南アジア
マレーワシミミズク	*Bubo sumatranus*	南アジア
ヨコジマワシミミズク	*Bubo shellyei*	西アフリカ
クロワシミミズク	*Bubo lacteus*	サハラ砂漠以南のアフリカ諸国
ウスグロワシミミズク	*Bubo coromandus*	インド、東南アジア
アクンワシミミズク	*Bubo leucostictus*	西アフリカ
フィリピンワシミミズク	*Bubo philippensis*	フィリピン

シマフクロウ属

シマフクロウ	*Ketupa blakistoni*	東アジア、日本
ミナミシマフクロウ	*Ketupa zeylonensis*	中東、南アジア
ウオミミズク	*Ketupa flavipes*	中央アジア、東南アジア
マレーウオミミズク	*Ketupa ketupa*	東南アジア

ウオクイフクロウ属

ウオクイフクロウ	*Scotopelia peli*	サハラ砂漠以南のアフリカ諸国
アカウオクイフクロウ	*Scotopelia ussheri*	西アフリカ
タテジマウオクイフクロウ	*Scotopelia bouvieri*	西アフリカ

モリフクロウ属

マレーモリフクロウ	*Strix seloputo*	東南アジア
インドモリフクロウ	*Strix ocellata*	インド、西ビルマ

シロフクロウ（ジョン・グールド『イギリス鳥類図譜』第4巻、1873年）

トラフズク（マネッティ『鳥類学』第1巻、1767年）

オオフクロウ	*Strix leptogrammica*	インド、中国南部、東南アジア
モリフクロウ	*Strix aluco*	ヨーロッパ、アジア、北アフリカ、中東
ウスイロモリフクロウ	*Strix butleri*	中東
ニシアメリカフクロウ	*Strix occidentalis*	アメリカ北西部、メキシコ
アメリカフクロウ	*Strix varia*	北アメリカ、メキシコ
チャイロアメリカフクロウ	*Strix fulvensis*	メキシコ南部、北アメリカ、中央アメリカ
ブラジルモリフクロウ	*Strix hylophila*	ブラジル、ウルグアイ、アルゼンチン北東部
アカアシモリフクロウ	*Strix rufipes*	南アメリカ南部
（和名なし）	*Strix chacoensis*	ボリビア、パラグアイ、アルゼンチン
フクロウ	*Strix uralensis*	中央ヨーロッパ、北ヨーロッパ、中央アジア、日本
シセンフクロウ	*Strix davidi*	中国
カラフトフクロウ	*Strix nebulosa*	北ヨーロッパ、アジア、北アメリカ
アフリカヒナフクロウ	*Strix nebulosa*	サハラ砂漠以南のアフリカ諸国
ナンベイヒナフクロウ	*Strix virgate*	メキシコ、中央アメリカ、南アメリカ
シロクロヒナフクロウ	*Strix nigrolineata*	メキシコからエクアドルにかけて
クロオビヒナフクロウ	*Strix huhula*	南北アメリカ
アカオビヒナフクロウ	*Strix albitarsus*	北アンデス

Noctua vulgaris（マネッティ『鳥類学』第1巻、1767年）

Aluco aldrov（マネッティ『鳥類学』第1巻、1767年）

タテガミズク属

タテガミズク	*Jubula letti*	西アフリカ

カンムリズク属

カンムリズク	*Lophostrix cristata*	中央アメリカ、南アメリカ北部

メガネフクロウ属

メガネフクロウ	*Pulsatrix perspicillata*	メキシコ、中央アメリカ、南アメリカ
アカオビメガネフクロウ	*Pulsatrix melanota*	北アンデス
キマユメガネフクロウ	*Pulsatrix koeniswaldiana*	南アメリカ東部

オナガフクロウ属

オナガフクロウ	*Surnia ulula*	北アメリカ北部、北ヨーロッパ、北アジア

スズメフクロウ属

スズメフクロウ	*Glaucidium passerinum*	北ヨーロッパ、中央ヨーロッパ、北アジア
ヒメフクロウ	*Glaucidium brodiei*	ヒマラヤ山脈、中国、東南アジア

アフリカスズメフクロウ	*Glaucidium perlatum*	サハラ砂漠以南のアフリカ諸国
カリフォルニアスズメフクロウ	*Glaucidium gnoma*	北アメリカ西部、中央アメリカ
アンデススズメフクロウ	*Glaucidium jardinii*	中央アメリカ、南アメリカ北部
コスタリカスズメフクロウ	*Glaucidium costaricanum*	コスタリカ、パナマ
クラウドフォレストスズメフクロウ	*Glaucidium nubicola*	コロンビア、エクアドル
ボリビアスズメフクロウ	*Glaucidium bolivianum*	アルゼンチン、ボリビア、ペルー
ペルナンブコスズメフクロウ	*Glaucidium morreorum*	ブラジル
ハーディスズメフクロウ	*Glaucidium hardyi*	南アメリカ北部
ブラジルコスズメフクロウ	*Glaucidium minutissimum*	メキシコ、中央アメリカ、北アメリカ
コスズメフクロウ	*Glaucidium griseiceps*	南北アメリカ
メキシコスズメフクロウ	*Glaucidium sanchezi*	メキシコ
コリマスズメフクロウ	*Glaucidium palmarum*	メキシコ
アネッタイスズメフクロウ	*Glaucidium parkeri*	ボリビア、エクアドル、ペルー
アカスズメフクロウ	*Glaucidium brasilianum*	中央アメリカ、南アメリカ
ペルースズメフクロウ	*Glaucidium peruanum*	エクアドル、ペルー
ミナミスズメフクロウ	*Glaucidium nanum*	アルゼンチン、チリ
キューバスズメフクロウ	*Glaucidium siju*	キューバ
ムネアカスズメフクロウ	*Glaucidium tephronotum*	熱帯アフリカ
セアカスズメフクロウ	*Glaucidium sjostedti*	中央アフリカ西部
オオスズメフクロウ	*Glaucidium cuculoides*	中国、東南アジア
ジャワスズメフクロウ	*Glaucidium castanopterum*	インドネシア
モリスズメフクロウ	*Glaucidium radiatum*	パキスタンからビルマにかけて
クリセスズメフクロウ	*Glaucidium castanonotum*	スリランカ
クリイロスズメフクロウ	*Glaucidium castaneum*	熱帯アフリカ西部
ヨコジマスズメフクロウ	*Glaucidium capense*	サハラ砂漠以南のアフリカ諸国
ザイールスズメフクロウ	*Glaucidium albertinum*	東ザイール、ルワンダ

カオカザリヒメフクロウ属

カオカザリヒメフクロウ	*Xenoglaux loweryi*	ペルー北部

サボテンフクロウ属

サボテンフクロウ	*Micrathene whitneyi*	アメリカ南西部、メキシコ

コキンメフクロウ属

コキンメフクロウ	*Athene noctua*	ヨーロッパ、北アフリカ、中東、アジア
インドコキンメフクロウ	*Athene brama*	南アジア
アナホリフクロウ	*Athene cunicularia*	南北アメリカ

モリコキンメフクロウ属

モリコキンメフクロウ	*Heteroglaux blewitti*	中央インド

キンメフクロウ属

キンメフクロウ	*Aegolius funereus*	ヨーロッパ、北アジア、北アメリカ
アメリカキンメフクロウ	*Aegolius acadicus*	北アメリカ、メキシコ北部
メキシコキンメフクロウ	*Aegolius ridgwayi*	メキシコ南部、中央アメリカ
セグロキンメフクロウ	*Aegolius harrisii*	中南米北部、中南米西部、中南米南部

アオバズク属

アカチャアオバズク	*Ninox rufa*	オーストラリア北部、ニューギニア
オニアオバズク	*Ninox strenua*	オーストラリア南東部
オーストラリアアオバズク	*Ninox connivens*	オーストラリア、ニューギニア、モルッカ諸島
スンバアオバズク	*Ninox rudolfi*	インドネシア
ニュージーランドアオバズク	*Ninox novaeseelandiae*	オーストラリア区
（和名なし）	*Ninox sumbaensis*	インドネシア、スンバ島
アオバズク	*Ninox scutulata*	南アジア、東アジア
アンダマンアオバズク	*Ninox affinis*	アンダマン諸島、ニコバル諸島
マダガスカルアオバズク	*Ninox superciliaris*	マダガスカル島
フィリピンアオバズク	*Ninox philippensis*	フィリピン
（和名なし）	*Ninox ios*	スラウェシ島（旧セレベス島）
チャバラアオバズク	*Ninox ochracea*	スラウェシ島（旧セレベス島）

トギアンアオバズク	*Ninox buhani*	トギアン諸島、スラウェシ島（旧セレベス島）
モルッカアオバズク	*Ninox squamipila*	東南アジア島嶼部
クリスマスアオバズク	*Ninox natalis*	クリスマス諸島
セグロアオバズク	*Ninox theomacha*	ニューギニア
アドミラルチーアオバズク	*Ninox meeki*	アドミラルティ諸島
フイリアオバズク	*Ninox punctulata*	スラウェシ島（旧セレベス島）
ニューアイルランドアオバズク	*Ninox variegate*	ニューブリテン島、ニューアイルランド島
ニューブリテンアオバズク	*Ninox odiosa*	ニューブリテン島
ソロモンアオバズク	*Ninox jacquinoti*	ソロモン諸島

パプアオナガフクロウ属

パプアオナガフクロウ	*Uroglaux dimorpha*	ニューギニア

ニセコノハズク属

ジャマイカズク	*Pseudoscops grammicus*	ジャマイカ
タテジマフクロウ	*Pseudoscops clamator*	メキシコ、中央アメリカ、南アメリカ

オニコミミズク属

オニコミミズク	*Nesasio solomonensis*	ソロモン諸島

トラフズク属

ナンベイトラフズク	*Asio stygus*	メキシコ、中央アメリカ、南アメリカ
トラフズク	*Asio otus*	ヨーロッパ、中東、アジア、アフリカ
アビシニアトラフズク	*Asio abyssinicus*	東アフリカ、ザイール
マダガスカルトラフズク	*Asio madagascariensis*	東マダガスカル
コミミズク	*Asio flammeus*	ヨーロッパ、アジア、南北アメリカ
アフリカコミミズク	*Asio capensis*	サハラ砂漠以南のアフリカ諸国